墨香财经学术文库

环境治理

经济分析与政策创新

Environmental Governance

Economic Analysis and Policy Innovation

陈涵一 著

东北财经大学出版社 大连
Dongbei University of Finance & Economics Press

图书在版编目（CIP）数据

环境治理：经济分析与政策创新 / 陈涵一著. —大连：东北财经大学出版社，2025.5. —（墨香财经学术文库）. —ISBN 978-7-5654-5602-2

Ⅰ. X322

中国国家版本馆CIP数据核字第20253AQ067号

环境治理

经济分析与政策创新

HUANJING ZHILI

JINGJI FENXI YU ZHENGCE CHUANGXIN

东北财经大学出版社出版发行

大连市黑石礁尖山街217号　邮政编码　116025

网　　址：http://www.dufep.cn

读者信箱：dufep@dufe.edu.cn

大连图腾彩色印刷有限公司印刷

幅面尺寸：170mm×240mm　字数：161千字　印张：13.75　插页：1

2025年5月第1版　　2025年5月第1次印刷

责任编辑：时　博　孟　鑫　　责任校对：赵　楠

封面设计：原　皓　　版式设计：原　皓

书号：ISBN 978-7-5654-5602-2　　定价：78.00元

教学支持　售后服务　　联系电话：（0411）84710309

举报电话：（0411）84710523

如有印装质量问题，请联系营销部：（0411）84710711

本书的出版获得了辽宁省教育厅基本科研业务费的资助，在此深表谢意。

前　言

随着工业化和城市化的发展，日益严重的空气污染问题引起了人们的高度重视。尤其是城市空气污染问题，其负外部性对城市发展和城市居民生活造成极大的福利损失：空气污染会降低城市房价，增加城市居民心肺疾病死亡率，降低劳动生产率，甚至会负面影响居民心理、精神健康等等。鉴于空气污染的负面效应，我国政府不断出台新的政策以扭转环境恶化趋势。2017年《政府工作报告》提出“加大生态环境保护力度”“加快改善生态环境特别是空气质量，是人民群众的迫切愿望，是可持续发展的内在要求”，强调“坚决打好蓝天保卫战”。2024年《政府工作报告》进一步提出，要“深入实施空气质量持续改善行动计划”。因此，对于相关政策在降低污染、改善健康状况方面的效果评估至关重要。

本书拟从空气污染的福利损失、污染影响机制以及治理政策评估三个角度系统研究我国的城市空气污染问题，具体内容分为9章：第1章为绪论，简述本书框架；第2章为文献综述和理论基础；第3章重点研究了最近十年来最主要的空气污染物$PM_{2.5}$对公共健康的负面影响；第4章研究了最近几年“异军突起”的大气污染——臭氧污染对公共健康的影响，并估算了污染导致的经济成本；第5章和第6章分别用北京市高频数据和全国地级市面板数据研究了空气污染对交通拥堵的影响；第7章探讨了人类面对空气污染的规避行为和预防性支出；第8章则评估了一项大气污染区域协同治理政策——粤港“清洁生产伙伴计划”的政策效果；第9章为本书的研究结论和政策建议。

本书的理论分析和实证研究可以为理解中国环境问题导致的防护行为以及主要的经济后果提供重要视角，并为制定更加有效的环境治理政策提供了科学依据。

陈涵一

2025年3月

目 录

1

绪论

1.1 研究背景

早在2013年，北京市的雾霾就首次引起公众的广泛关注，随后，中国政府在各个城市陆续建立了完善的空气污染物监测网络以及污染播报制度，以实时监控各地区的空气污染状况并向公众播报（Barwick et al.，2024）。

《2013年中国环境状况公报》指出，国务院和各地政府均出台了加强重污染天气监测、预警和应急管理工作的政策文件，同时实时发布主要地级市的$PM_{2.5}$监测数据，北京、上海及京津冀地区初步建成空气质量预报预警体系。图1-1展示了2006年至2020年全国空气污染关键字百度搜索指数。可以发现，从2013年开始，空气污染首次成为一个公众问题，并且在随后的年份里持续获得公众关注[①]。

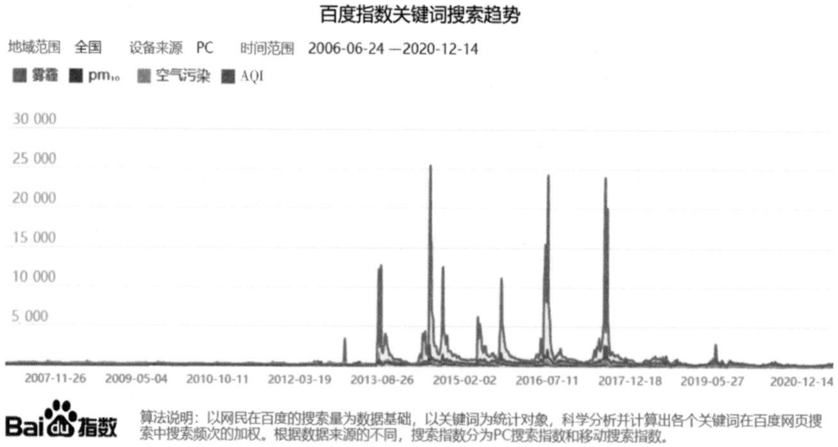

图1-1 空气污染关键字百度搜索指数（2006—2020年）

世界卫生组织（WHO，2016）的报告指出，中国是全球空气污

---

① 2008年北京奥运会前，北京市政府为降低北京市空气污染做出了巨大努力（Streets et al.，2007），但当时空气污染问题并没有引起公众的广泛关注。

染最严重的国家之一。中国空气污染最严重的区域主要集中在京津冀、长三角和珠三角地区，这些区域的平均$PM_{2.5}$浓度几乎都处于40~99微克/立方米的区间，远高于世界卫生组织（WHO）的$PM_{2.5}$年均浓度10微克/立方米的标准（2021年该标准更新为5微克/立方米）。

严重的空气污染会带来各种恶性疾病，最终导致人类死亡。WHO（2016）对全球因环境空气污染导致死亡的人数进行了粗略估计（见表1-1），中国2012年死于环境空气污染导致的疾病的人数为1 032 833人，平均每10万人中就有76人因环境空气污染丧命。

表1-1　**中国因环境空气污染死亡人数（2012）**

急性下呼吸道疾病	慢性阻塞性肺病	肺癌	缺血性心脏病
6 716	90 626	228 479	257 638
中风	合计	每10万人死亡人数	
449 373	1 032 833	76	

注：数据来自《环境空气污染：对暴露和疾病负担的全球评估》（Ambient air pollution：A global assessment of exposure and burden of disease，WHO，2016）。

Chen 等（2013）发现中国南北供暖政策的不同使得北方城市的TSP（Total Suspended Particulate，总悬浮颗粒物）平均浓度比南方高55%，这导致北方城市的平均预期寿命比南方低5.5年。

Ebenstein 等（2017）使用同样的设定发现PM_{10}浓度每增加10 ug/m^3会降低0.64年的平均预期寿命。

空气污染带来的危害如此之严重，降低空气污染物浓度，改善整体空气质量刻不容缓，中国政府已为此做出了大量努力。

早在2007年，国务院发布的《中华人民共和国国民经济和社会发展第十一个五年规划纲要》就提出了节能减排目标，指出2010年二氧化硫排放量要比2005年减少10%。

2011年，国务院发布的《中华人民共和国国民经济和社会发展第十二个五年规划纲要》继续强调了工业废气的减排目标。

2013年，国务院印发了《大气污染防治行动计划》（简称“大气十条”），提出了10条35项综合治理措施，拟全方位治理空气污染。同年，中国开始建立完善的空气污染（特别是$PM_{2.5}$）监控网络和污染播报制度。

2017年《政府工作报告》提出要进一步推进空气污染治理，全面打好“蓝天保卫战”。那么，这些政策的效果到底如何呢？

图1-2展示了中国城市平均空气污染物浓度的变化趋势。可以看到，四种空气污染物浓度自2013年达到最高点后，随后便呈现逐年下降的趋势。

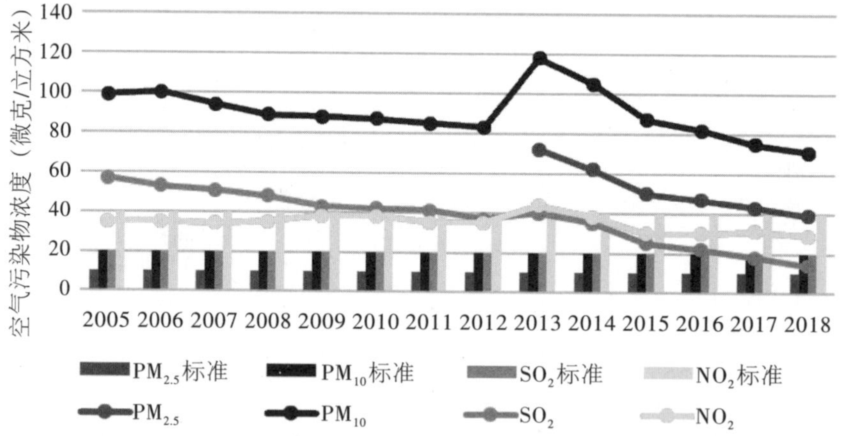

注：数据来自历年中国环境状况公报。其中，2005年至2012年的数据为113个重点监测城市空气污染物浓度的平均值，2013年及以后的数据为338个城市空气污染物浓度的平均值。

图1-2　中国城市平均空气污染物浓度（2005—2018年）

图1-2中的柱状图表示WHO在2015年公布的人类健康生活的年平均空气污染物浓度标准，其中PM_{10}为20微克/立方米，$PM_{2.5}$为10微

克/立方米。

可以看到，即使中国城市最近几年空气污染较之2013年及以前已有大幅度的改善，但仍然远远高于WHO制定的人类健康生活的标准。

截至2018年，中国城市的平均PM_{10}浓度是WHO标准的3.5倍，$PM_{2.5}$浓度是WHO标准的4倍。中国城市的空气污染问题依然是一个严重并且亟待解决的问题。

1.2 研究意义

1.2.1 理论意义

首先，从理论上讲，当外部性存在（无论正外部性或负外部性）时，在理性假设下，代表性个体效用最大化的决策会导致全社会总体福利偏离社会最优状态，这类市场失灵问题只能通过引入政策干预来解决。但是，合理的政策工具的设计必须依赖于对外部性损失的准确估计：例如，当存在负外部性时，政策工具可以通过给予负外部性生产者足够的“惩罚”（如征收庇古税）来提高社会整体福利；但是，如果这个惩罚过度了，反而会降低社会整体福利。能达到社会最优福利水平的“惩罚”应该刚好等于负外部性生产者对其他人带来的外部性损失。环境污染的外部性是一个很好的例子，本书的研究为上述理论提供了新的实证证据。

其次，环境变化与人类行为的交互也是一个重要的理论问题。环境污染如何影响人类行为，然后这些行为反过来如何影响环境？本书研究空气污染导致的污染规避行为以及清洁空气的支付意愿，可以部分回答上述问题。

1.2.2 实践意义

本书的研究意义主要体现在政策层面。中国面临严峻的环境污染问题，同时环境污染存在大量的负外部性，会给公共健康和社会福利带来大量损失，因此，如何设计合适的政策工具治理环境污染问题是一个重要议题。

本书研究了空气污染和水污染的经济后果以及人类面对污染的行为机制，可以从多个角度为政策制定者提供参考。例如，从空气污染角度看，本书估计了空气污染带来的交通拥堵的外部性损失，可以为政策制定者协同治理交通拥堵和空气污染问题提供政策参考；本书发现空气污染引致的污染规避行为会导致家庭电力消费上升，因而加强火电厂污染排放管制以及大力推进清洁能源发电的政策或许能取得更好的效果；本书发现跨界污染补贴政策可以显著改善区域空气质量，因此，政策制定者在考虑设计京津冀、长三角等地区的区域协调治理政策时，可以把跨界污染补贴政策纳入政策组合工具。

1.3 研究框架

本书拟从空气污染和水污染两个角度分别研究中国环境污染的负外部性、污染影响机制以及相关治理政策评估。

本书的研究框架如下：

第1章，绪论。

第2章，理论基础和文献综述。

第3章，$PM_{2.5}$（即雾霾）对公共健康的影响。笔者搜集整理了数百个分散的高质量官方资料和学术资料，构建了2004—2015年中国

288个地级市的儿童死亡率（非平衡）面板数据集，并将通风系数作为空气污染的工具变量，使用双向固定效应模型估计空气污染与儿童死亡率的因果关系。研究发现，$PM_{2.5}$年平均浓度每增加1微克/立方米，将导致婴儿死亡率增加0.163个百分点，污染弹性为0.83，但没有证据表明空气污染对儿童（1~4岁）死亡率存在负面影响。本书的研究拓展了发展中国家关于空气污染和婴儿死亡率的相关文献，并提供了来自中国的因果证据。

然而，近年来臭氧（O_3）污染已经超越$PM_{2.5}$成为中国最主要的大气污染物。臭氧污染与$PM_{2.5}$最大的区别在于，它是一种"看不见的污染"，因而可能在人们没有防备的情况下造成更大的公共健康后果。因此，了解臭氧对公共健康造成的损害及其经济成本非常重要。基于此，第4章使用混合两阶段最小二乘法，估计了2015—2018年臭氧污染对公共健康的影响。本书发现臭氧污染每提高10微克/立方米，会导致平均婴儿死亡率提高约0.6个千分点（16%）以及5岁以下儿童的平均死亡率提高约1个千分点（20%）。样本期内臭氧污染的上升导致9万名5岁以下儿童的死亡，造成至少6 767亿元的货币损失。本书的研究表明尽快从严治理臭氧污染对提高公共健康水平有重要意义。

第5章，空气污染对北京市交通拥堵的影响。本章研究一项长期被忽略的空气污染的外部性——城市交通拥堵。空气污染往往伴随着能见度降低、可视距离变差，这可能会导致更多的交通违章和更严重的交通事故（Zhang et al.，2013）。空气污染也会改变驾驶员的生理状态（Bates et al.，2001）。例如，在空气污染较重的日子里，司机可能会更加焦虑，这可能会导致不良驾驶行为，从而导致更多的交通事故。空气质量报告会告知居民每日的空气质量，以使他们避免在空气质量差的时间接触空气，这会导致越来越多的通勤者开车去上班以避免接触室外空气污染（Bresnahan et al.，1999）。本书使用北京市2009—2011年的每日数据和工具变量方法估计了空气污染对交通拥堵的影响，本书发现空气污染显著提高了交通拥堵程度，这导致2010年因为拥堵加重而提高的时间延误成本约为108万元/日。然而，人类行为的改变可能会降低上述外部性程度。2013年后，中国空气污染问题首次成为一个重要的公众问题，引起人们极大的关注，同时中国陆续建立起完善的空气污染播报制度（Barwick et al.，2024），这可能会导致人们采取污染规避行为以避免暴露在严重污染的环境中，例如，在空气污染严重时减少室外活动和出行，从而减少了道路上的车流量。这些规避行为会降低空气污染的直接外部性损害，也会影响拥堵程度。

因此，本书第6章使用中国78个城市2015—2018年高德地图的日度交通拥堵延时指数数据研究了在空气污染播报制度相当成熟的条件下，空气污染对交通拥堵的影响。研究发现，第4章的结论与第3章的结论刚好相反：空气污染不仅没有提高交通拥堵程度，反而降低了交通拥堵程度。为了更具有可比性，本书使用北京市2015—2018年的数据并使用同样的模型发现，空气污染对交通拥堵的影响不显著。这说明，考虑到污染规避行为后，空气污染增加时交通拥堵会减少。

污染规避行为能降低直接暴露于空气污染的负面影响，但其本身通常会产生额外成本。为了厘清这个问题，本书第7章使用国家电网中国电力科学研究院（China Electric Power Research Institute，CEPRI）通过家庭电表采集的143个地级及以上城市2018年1月1日至2019年12月31日的日度家庭电力消费数据研究了人们的空气污染规避行为并估计了额外成本（即清洁空气支付意愿）。本书发现，空气污染增加会显著增加家庭的电力消费。具体而言，AQI每提高一个标准差，会导致城市活跃居民平均电力消费增加0.33 kWh，或2.5%；

PM_{10}每提高一个标准差，会导致城市活跃居民平均电力消费增加0.55 kWh，或4.1%。同时本书还发现，周末效应几乎是工作日的三倍。这说明空气污染严重时，人们会减少室外活动，进而提高了室内电力消费水平。最后，本书计算了清洁空气的支付意愿和空气污染带来的额外损失。本书发现，城市家庭每年愿意为清洁空气多支付91元电费。如果空气质量达到世界卫生组织规定的标准，全国每年平均电力消费会减少671.6亿kWh，这意味着全国居民每年可以少支付364亿元电费。

在准确估计空气污染的外部性损失以及其与人类行为之间的关系后，下一步就是设计合理的污染规制政策来解决外部性问题。然而，一项规制政策是否有效？这个问题需要政策评估来回答。国内有很多关于治理城市污染的政策的描述性效果评估，但针对空气污染跨界飘移带来的污染外溢问题而设计的区域协调政策及其效果评估则较少。本书第8章估计了粤港“清洁生产伙伴计划”这一区域协调治理政策对珠三角区域空气质量和香港特别行政区（以下简称“香港”）本地空气质量的影响，发现该政策显著降低了珠三角区域空气污染物浓度以及香港空气污染物浓度——政策实施后，广东区域平均PM_{10}浓度下降了14.6%，香港平均PM_{10}浓度下降了12.8%。

第9章是本书的主要结论和政策意义。

2

理论基础与文献综述

2.1 空气污染的外部性损失评估

空气污染会带来很多负外部性，而这些负外部性只能通过政策干预来解决。准确估计这些外部性的社会成本非常重要，因为政策制定者需要事先获悉准确的外部性成本，才能制定和实施有效的污染规制政策（Helfand et al.，2003）。

例如，政策制定者可以通过对排污者征收庇古税的方式将空气污染的外部性成本内部化，从而控制污染。政策制定者还可以制定一个总量管制和可以进行排放交易的计划，通过建立污染产权交易市场来内部化外部性成本（Goulder et al.，2013）。

空气污染的负外部性的作用机制相当复杂，如何准确估计它的社会成本已经引起政策制定者和科研人员的广泛关注。本章首先综述空气污染损害公共健康水平的相关文献，然后综述空气污染的其他外部性损害研究，最后综述识别问题。

2.1.1 空气污染影响公共健康和福利的相关研究

空气污染带来的最严重的负外部性可能就是对公共健康水平的负面影响。据报道，全球每年大约有300万人死于环境空气污染(ambient air pollution)，大约90%的人生活在空气质量低于WHO空气质量标准的区域（WHO，2016）。

发展中国家的空气质量更差，严重的空气污染威胁着数十亿人的健康，同时也为经济带来了巨大的负担。政策制定者和科研人员普遍关注空气污染对公共健康的影响。

大量实证研究表明空气污染对公共健康有负面影响。例如，

Chen等（2013）发现南北供暖政策的不同使得北方的TSP平均浓度比南方高55%，这导致北方的平均预期寿命比南方低5.5年。Ebenstein等（2017）使用同样的设定发现PM_{10}浓度每增加10微克/立方米会降低0.64年的平均预期寿命。陈硕和陈婷（2014）发现二氧化硫的排放增加显著提高了呼吸系统疾病和肺癌的死亡率。

从整体上看，空气污染会对公共健康产生负面影响，但不同空气污染物对公共健康的影响方式和程度并不相同。

常用的空气污染指标包括空气污染指数（API）、空气质量指数（AQI）、可吸入颗粒物（PM_{10}）浓度、细颗粒物（$PM_{2.5}$）浓度、二氧化硫（SO_2）浓度、二氧化氮（NO_2）浓度、臭氧（O_3）浓度和一氧化碳（CO）浓度①。API和AQI这样的综合空气质量指标可以更好地反映区域的整体空气污染状况，因此大量研究中国空气污染对健康影响的文章都使用了API或AQI衡量空气污染水平（黎文靖和郑曼妮，2016；Chen et al.，2018；Cheung et al.，2020；陈帅和张丹丹，2020）。例如，Cheung等（2020）使用香港2000—2015年的API数据估计了空气污染对香港心肺疾病死亡率的影响，发现香港API的上升会显著提高香港居民心肺疾病死亡率。

然而，API和AQI是中国生态环境部②发布的空气质量指标，使用该指标的缺点是无法较好地将研究结果与其他国家的研究结果对比分析，因此，相当一部分文献使用PM_{10}浓度或$PM_{2.5}$浓度来衡量空气污染状况（Chay and Greenstone，2003；Schelenker and Walker，2016；Ebenstein et al.，2017）。政策制定者和学者们都非常关注工业废气的排放对公共健康的影响，因为准确估计工业废气排放的负外部

---

① API是度量环境空气质素的整体指标，数值由0至500不等，数值越高，表示空气质量越差。API的计算取决于不同污染物的浓度：包括可吸入颗粒物（PM_{10}）、二氧化氮（NO_2）和二氧化硫（SO_2）。2013年后生态环境部开始公布新的空气质量指标AQI，它的计算方法和API相同，但是新加入了细颗粒物（$PM_{2.5}$）、臭氧（O_3）和一氧化碳（CO）。

② 2018年3月，中国环境保护部改为生态环境部——编辑注。

性是环境污染规制政策制定的前提。已有研究表明，工业废气的排放（主要包括SO_2和NO_x）对公共健康有负面影响（陈硕和陈婷，2014；Deschenes et al.，2017）。例如，Deschenes 等（2017）使用NO_x预算项目（NO_x Budget Program）这一准自然实验，即一个总量管制但排放可以交易（cap-and-trade）的市场，使用三重差分法发现该项目显著减少了NO_x排放，使得导致臭氧浓度、哮喘病医疗支出以及死亡率均发生下降。

衡量公共健康水平的指标有很多。现有文献主要关注空气污染对预期寿命的影响（Chen et al.，2013；Ebenstein et al.，2017）、空气污染对死亡率或婴儿死亡率的影响（Chay and Greenstone，2003；宋贵香等，2006；Chen et al.，2011；Colmer et al.，2019）以及空气污染对特定疾病（包括呼吸道疾病、肺癌、哮喘等）发病率及死亡率的影响（杨敏娟和潘小川，2008；杨海兵等，2010；Schelenker and Walker，2016；殷文军等，2012；陈硕和陈婷，2014；Deschenes et al.，2017）。

空气污染对公共健康的负面影响，导致其会带来大量的福利损失。例如，Barwick 等（2018）利用2013—2015年中国全部人口的信用卡和借记卡的交易数据，使用分布滞后模型结合工具变量，估计了$PM_{2.5}$导致发病的健康支出。他们的研究结果表明，$PM_{2.5}$对中国短期和中期的医疗支出都有显著影响。按WHO规定的10微克/立方米的年度标准来看，$PM_{2.5}$每年导致中国420亿美元额外的健康支出，相当于2015年中国医疗支出总额的近7%。Deschenes等（2017）发现NO_x预算项目导致的NO_x排放的减少，平均每年可分别减少哮喘病医疗支出以及哮喘病死亡带来的经济损失8亿美元和130亿美元。Deryugina等（2019）使用美国老年人医疗保险数据研究了老年人空气污染暴露对死亡率、卫生保健使用和医疗成本的影响。他们发现$PM_{2.5}$每增加1微克/立方米，3天内每百万人访问急诊室的次数会增加2.7次，由此带来的住院急诊费用会增加1.6万美元。

2.1.2 空气污染的其他外部性影响研究

空气污染还有很多其他的负外部性。空气污染会影响人们精神健康、降低劳动生产率、损害人们的认知能力、降低人们的主观幸福感等等。下面将对这些研究做一个系统的梳理。

空气污染对劳动生产率有显著负面影响（Zivin and Neidell，2012；Hanna and Oliva，2015；Zivin et al.，2016；He et al.，2019；陈帅和张丹丹，2020）。例如，Zivin等（2016）使用美国南加州梨包装厂的数据研究了室外空气污染对工人室内劳动生产率的影响，他们发现$PM_{2.5}$浓度每增加10微克/立方米，工人平均生产力会下降0.41美元/小时，约占时薪的6%。He等（2019）使用中国两个制造业生产基地的日度数据研究了$PM_{2.5}$暴露对劳动生产率的影响，他们发现长期暴露会产生显著的负面效应。如果$PM_{2.5}$浓度持续变化超过25天，日均产量将下降1%。陈帅和张丹丹（2020）使用监狱的计件工资数据发现空气污染的增加会显著降低服刑人员的计件工资。

空气污染会显著降低人们的心理健康水平（Chen et al.，2018）。Chen等（2018）利用2010—2015年期间覆盖12 615名城市居民的CFPS数据研究了空气污染对人们心理健康的影响。他们发现空气污染对精神疾病的发病率有显著的正向影响。具体来说，过去一个月$PM_{2.5}$平均浓度每增加一个标准偏差（18.04微克/立方米），精神病发病率就会增加6.67个百分点，即0.33个标准差。这些影响每年将导致228.8亿美元的额外医疗支出。

空气污染还会损害人们的认知能力（Zhang et al.，2018；Chen et al.，2019）。Zhang等（2018）使用中国CFPS数据研究了空气污染对认知能力的影响。他们发现，长期暴露在空气污染中会影响语言和数学测试所体现的认知能力。他们提供的证据表明，随着人们年龄的增长，空气污染对语言测试结果的影响会变得更加明显，尤其是对男性和受教育程度较低的人。考虑到老年人的认知功能对于日常行动和做高风险决策都至关重要，空气污染对老年人大脑的损害可能会造成巨大的健康和经济损失。

空气污染还会降低人们的主观幸福（MacKerron and Mourato，2009；Levinson，2012；Ferreira et al.，2013；杨继东和章逸然，2014）。例如，杨继东和章逸然（2014）使用2010年中国CGSS的数据研究了空气污染对人们主观幸福感的影响。他们发现空气污染与主观幸福感之间存在显著的负向相关关系，并且对于低收入群体和农村居民这种相关关系更强。

空气污染还有一些其他的负外部性。例如，空气污染会导致更多的驾驶违章（Zhang et al.，2013）和更高的交通事故发生率（Sager，2019）。Sager（2019）使用英国2009—2014年的日度道路交通事故数据研究了空气污染对道路交通安全的影响。为了解决潜在的内生性问题，他们使用逆温强度作为工具变量。研究发现，$PM_{2.5}$每提高1微克/立方米，会导致日平均交通事故次数增加0.3%~0.6%。空气污染还会提高房价（Zheng et al.，2013；Chay and Greenstone，2005）。Zheng等（2013）使用中国85个城市的年度数据估计了跨界空气污染对目标城市房价的影响。他们发现附近城市输入的污染物浓度每提高10%会导致本地房价提高0.76%。空气污染还会显著降低人们的创新产出，抑制个体创新活力（罗勇根等，2019）。

2.1.3 空气污染外部性损失评估的识别问题

准确估计空气污染的外部性损失面临的最大挑战是内生性问题。例如，严重的空气污染通常发生在北京这样工业发达的大城市，但这些城市的医疗水平和收入水平均较高，从而体现出较高的公共健康水平，想要准确估计空气污染对健康的因果效应就必须排除这些扰动因素的影响。现有的实证文献主要通过两类方法解决内生性问题：

第一类方法是准自然实验法。很多文献通过寻找巧妙的准自然实验，构造反事实，通过双重差分（DID）或断点回归（RDD）的方法来解决空气污染的内生性问题（Chen et al.，2013；Ebenstein et al.，2017）。例如，Chen等（2013）使用中国南北供暖政策不同这一外生冲击，使用断点回归的方法估计了空气污染对平均预期寿命的影响。

第二类方法是工具变量法。一些文献通过寻找合适的工具变量，使用两阶段最小二乘法来解决内生性问题，从而获得因果效应的估计。目前常用的工具变量有逆温强度（Chen et al.，2018；Chen，Oliva，and Zhang，2018）、空气流动系数（沈坤荣等，2017；陈诗一和陈登科，2018）以及借助风向的随机性构造的工具变量（Zheng et al.，2014；Schlenker and Walker，2016；Cheung等，2020）。

2.2 空气污染导致的污染规避行为

很多时候空气污染的外部性影响并不是那么直接，因为当空气污染严重时，人类通常会采取措施来减少暴露于污染空气中的时间和可能性，这会导致空气污染带来的健康损失下降，但污染规避行为本身又会产生额外的成本。因此，厘清空气污染与人类行为之间的关系，对准确估计空气污染的外部性具有重要意义。

2.2.1 空气污染规避行为研究

为了降低暴露在严重污染空气中的频率，人们可能会采取一系列规避措施。在短期，他们可能通过外出时使用$PM_{2.5}$防护口罩或PM_{10}防护口罩（Zhang et al.，2017；Liu et al.，2017；Eom et al.，2019）、减少户外活动（Zivin and Neidell，2009；Noonan，2014；Ward et al.，2015；Saberian et al.，2017）以及使用空气净化器（Liu et al.，2017；Eom et al.，2019；Ito et al.，2020）等措施来减少暴露在空气污染中的机会。在长期，人们则会向空气质量更好的国家和城市移民（Qin et al.，2017；Chen et al.，2017；孙伟增等，2019；李明和张亦然，2019）。

空气污染会导致人们在外出时大量使用$PM_{2.5}$防护口罩或PM_{10}防护口罩来降低暴露在污染空气中的程度（Zhang et al.，2017；Liu et al.，2017；Eom et al.，2019）。例如，Zhang等（2017）使用中国2013年1月至2014年4月的淘宝和天猫商城的口罩网购数据发现日度AQI每增长100个单位，会导致平均口罩消费量增加54.5%、$PM_{2.5}$防护口罩消费量增加70.6%。他们同时估计了福利损失：如果污染严重的天气不存在（AQI>201），总共可以节省1.87亿美元。Eom等（2019）使用2017年韩国1 224位居民的网络调查数据研究了空气污染暴露风险或客观PM_{10}浓度对PM_{10}防护口罩以及空气净化器的使用的影响。他们发现主观和客观污染暴露风险均会增加PM_{10}防护口罩的消费量以及空气净化器的使用频率。

当空气污染严重时，人们会通过减少室外活动来避免暴露在污染的空气中（Zivin and Neidell，2009；Noonan，2014；Ward et al.，2015；Saberian et al.，2017）。例如，Zivin和Neidell（2009）使用旋转门的数据发现空气质量警报显著减少了洛杉矶两个户外场所的参观人数（洛杉矶动物园和格里菲斯天文台）。

Noonan（2014）对使用亚特兰大的皮埃蒙特公园的两个长椅的人做了为期35天的调查，他们发现空气质量警报显著减少了老年人和慢跑者的室外运动。Saberian等（2017）使用澳大利亚悉尼自行车网络的数据发现，空气质量警报显著降低了自行车的使用量（14%~35%）。

已有文献表明室外空气污染同样会对室内人群带来健康损害（Zivin et al.，2016）。为了降低室内空气污染的影响，人们通常会使用空气净化器（Liu et al.，2017；Eom et al.，2019；Ito et al.，2020）。

例如，Liu等（2017）研究了中国居民对污染的应对行为。他们发现$PM_{2.5}$浓度每提高10微克/立方米，会导致$PM_{2.5}$防护口罩的在线搜索量提高3.6%~8.4%，空气净化器的在线搜索量提高1.1%~4.7%。他们使用断点回归模型发现，雾霾警报（$PM_{2.5}$浓度超过250微克/立方米）发出后，这个效应翻倍了。

Ito等（2019）使用中国2006—2014年月度零售店的空气净化器销售数据，发现空气污染显著提升了空气净化器的销售量。

在长期，人们还可以通过向空气质量更好的城市或国家移民以避免暴露在严重污染的空气中（Qin et al.，2017；Chen et al.，2017；孙伟增等，2019；李明和张亦然，2019）。

例如，Qin等（2017）用百度“移民”搜索频率数据研究了空气污染对国际移民兴趣的影响。他们发现当日AQI每上升100会导致第二天的移民搜索次数增加2.3%~4.8%，当AQI超过200时，这个效应会翻倍。

Chen等（2017）发现空气污染可以解释中国移民流入和流出的变化中相当多的变异。

李明和张亦然（2019）发现空气污染会影响来华留学生的择校，空气污染增加会降低这些城市对留学生的吸引力。

2.2.2 清洁空气支付意愿研究

人们虽然可以通过采取措施规避空气污染来减少空气污染对健康的损害，但这些污染规避行为会带来额外的成本，该成本即“清洁空气的支付意愿”（willingness to pay（WTP）for clean air）。准确估计这些额外成本会为政策制定者提供重要参考。

已有文献从不同角度（即不同污染规避行为）估计了人们对清洁空气的支付意愿（陈永伟和陈立中，2012；Deschenes et al.，2017；Ito et al.，2019）。

陈永伟和陈立中（2012）使用青岛2008年住房交易数据，从房价角度估计了人们对清洁空气的支付意愿。他们发现，API每降低一个单位，人们愿意为住房多支付99.785元/平方米。

Ito等（2019）使用中国2006—2014年月度零售店的空气净化器销售数据，使用断点回归（南北供暖线）以及工具变量法处理潜在的内生性问题，估计了人们对清洁空气的支付意愿。他们发现中国家庭每年愿意支付1.34美元去减少1微克/立方米的PM_{10}，以及32.7美元去避免淮河以北燃煤取暖导致的空气污染。

Deschenes等（2017）使用NO_x预算项目这一准自然实验，即一个总量管制但排放可以交易的市场，使用三重差分法发现该项目显著减少了NO_x排放，从而使得臭氧浓度、哮喘病医疗支出以及死亡率均下降，平均每年可分别减少哮喘病医疗支出以及哮喘病死亡带来的经济损失8亿美元和130亿美元，这表明超过1/3的人愿意为减少NO_x排放埋单。

2.3 空气污染规制政策及其评估

城市空气污染问题会给人类健康和福利带来损害，同时还会增加大量不必要的社会支出。从理论上讲，要想解决空气污染的外部性问题，政策干预是最主要的手段。那么，理论上实施什么样的污染规制政策有效？什么样的规制政策无效？从实证上看，目前已经实施的大量污染规制政策，它们是有效的吗？怎样准确估计这些政策的政策效应？本节将就上述问题，综述污染规制政策的理论基础和实证研究。

2.3.1 空气污染规制政策理论

从理论上讲，污染规制政策可以分为五类，包括对污染征收庇古税、统一的排污标准、提供减少污染的补贴、发放污染排放许可证以及组合政策工具（Helfand等，2003）。

最常使用的一类政策工具就是对污染排放征收庇古税。使用庇古税可以将污染外部性内部化。如果能够准确得知污染的市场价格，就可以征收最优的污染税，此时市场达到帕累托最优，没有任何福利损失。然而，污染定价是一个大问题，通常情况下不可测量，这就导致了庇古税可能存在的无效率。

另一类政策是对企业的污染排放制定一个统一的排放标准。这种情形下，社会最优的条件要求排放每一单位污染对环境带来的损害是相同的，同时所有企业都有相同的边际减排成本。在大多数情况下，由于技术、生产的产品和其他因素的不同，企业的减排成本也会有所不同。如果边际成本不同，那么社会可以通过减少来自降低排放边际成本较低的公司的污染排放，并将这些排放重新分配给降低排放边际成本较高的公司而获益。统一的排放标准不允许这种重新分配。因此，统一排放标准通常并不是那么有效。

补贴在某种程度上可以看作税收的反面。社会最优的边际条件要求单位补贴等于排污的边际损害。补贴为企业创造了一个边际机会成本，而不是显性成本：企业必须决定是减少一单位污染并获得补贴，还是排放该单位污染并放弃补贴。因此，从边际上看，相同数额的补贴和税收对企业污染排放产生的影响是相同的。而从总量上看，补贴的效果与税收的效果是截然不同的。

排污许可证政策在某种程度上综合了税收、排放标准和补贴的特点。最初对排污权的分配类似于排放标准，它允许污染者有一定的污染量，或者把一定的污染量拍卖给污染者或者以其他形式分配。然而，可出售的许可证与排污标准不同，因为污染者可以买卖许可证。由于许可证政策是基于数量的，而税收是基于价格的，当市场条件发生变化时，两类政策的效果会截然不同。例如，如果需求发生变化，限额交易许可制度不会允许污染水平发生变化，尽管许可证的市场价格将对需求变化做出反应。相比之下，征税导致的结果是污染的价格保持不变，但污染水平会发生变化。因此，如果对污染商品的需求随时间增加，保持污染水平不变的许可证制度可能导致无效率的低污染水平；相反，税收制度可能会导致无效率的高水平污染。

正如上述所讨论的，单独应用某个政策工具的话，如果遇到不确定性，可能会导致截然不同的结果。因此，一些文献研究了政策组合。

Roberts和Spence（1976）提出一种当监管机构不知道企业的减排成本时，由许可证、补贴和税收组成的混合政策。如果一家公司减少的排放量超过了许可证的标准，就会得到补贴；如果一家公司污染的排放量超过许可证的标准，就应当交税。他们认为，许可证可以防止非常高的排放水平，而如果减排成本较低，补贴可以促进更多的污染减少。

McKibbin和Wilcoxen（1997）认为，二氧化碳排放许可证和税收的混合工具将更加灵活，并且对全球贸易带来的压力比实施单独的排放许可制度小得多。

Pizer（1997）使用全球综合气候经济模型发现，税收和许可证的混合政策的效果将略优于最优税收制度，同时远远优于最优许可证制度。因此，至少在理论上，多种政策混合会有更高的效率。

2.3.2 空气污染规制政策评估的实证研究

正如上一节所说，污染规制政策通常包括征收收庇古税、统一的排污标准、提供减少污染的补贴、发放污染排放许可证以及组合政策工具。本节将从这五个方面综述相关的政策评估实证研究。

第一类政策是征收庇古税（即环保税，包括碳税、汽油税、排污税、运输环保税等），其通常被认为是解决外部性问题的最重要手段。叶金珍和安虎森（2018）使用55个国家的数据研究了开征环保税对空气污染的影响。他们发现环保税对不同的国家影响并不相同：在工业排放污染物问题严重的国家，征收碳税可以显著降低空气污染程度；在空气污染严重的国家，征收运输环保税反而不利于减少污染物排放。Fu和Gu（2017）用中国国庆节高速公路免费作为准自然实验，估计了拥堵对空气污染的价格弹性（这可以看作间接的汽油税的影响），他们发现高速公路免费（相当于免征汽油税）会显著提高空气污染程度。Davis和Kilian（2011）尝试用工具变量方法解决内生性问题，估计美国各州的汽油税变化对碳排放的影响，发现汽油税高的州碳排放显著降低了。

第二类政策是通过排污控制来减少污染物排放，如汽车尾气排放限制政策。曹静等（2014）使用断点回归方法研究了北京市交通限行政策对北京市空气质量的影响，他们发现汽车尾号限行政策并不能有效降低空气污染。Viard和Fu（2015）则发现北京市的汽车尾号限行政策显著降低了北京市的PM_{10}浓度，降幅高达21%。

第三类政策是污染补贴。Jewell等（2018）发现取消化石燃料补贴对全球二氧化碳排放几乎没有影响。Xie等（2020）使用中国2006—2018年286个城市的数据研究了新能源汽车补贴政策对空气质量的影响。他们发现新能源汽车补贴政策的实施总体上可以显著改善城市空气质量，补贴规模每增加1%，空气污染水平将降低约0.15%。

第四类政策是市场化污染规制。例如，Deschenes等（2017）估计了NO_x预算项目，即一个总量管制但排放可以交易（cap-and-trade）的市场，使用三重差分法发现该项目显著减少了NO_x排放。

第五类政策是组合政策工具。中国最具有代表性的组合政策工具即区域大气污染联合治理政策（胡志高等，2019）。Meng等（2019）评估了中国北方“26+2”①城市冬季清洁取暖组合政策工具（《北方地区冬季清洁取暖规划（2017—2021年）》）的政策效应。定量分析显示，这项政策可以显著加快居民能源转型，如果计划目标得以实现，到2021年固体燃料的使用将减少60%以上，而对照组减少使用固体燃料的比例不到20%。这将大幅减少主要大气污染物排放。罗知和李浩然（2018）使用2013年1月1日—2015年12月31日中国258个地级市的数据，使用双重差分法估计了“大气十条”政策对空气污染的影响，发现“大气十条”政策的实施显著降低了北方城市冬季的空气污染物浓度。

① “26+2”城市即28个参与京津冀大气污染区域协调治理的城市，包括北京市、天津市、河北省全部城市、安徽北部、山东北部、山西东北部以及河南北部的部分城市。

3

看得见的污染：$PM_{2.5}$与公共健康[①]

① 该章节已发表，可参考 WANG L，SHI T，CHEN H. Air pollution and infant mortality：Evidence from China［J］. Economics & Human Biology，2023（49）：101229.

3.1 引言

空气污染问题持续困扰着中国和印度等发展中国家，对生活在空气质量低于世界卫生组织标准地区的数十亿人造成健康和经济负担。例如，美国健康影响研究所（Health Effects Institute）的《2020年全球空气状况》指出，2019年有近47.6万名新生儿因空气污染在出生后的第一个月内过早死亡，其中大多数发生在发展中国家。

空气污染导致死亡的文献证据主要来自流行病学。许多流行病学的研究使用时间序列、横截面或队列等进行分析，发现空气污染与婴儿状况（birth outcomes）之间存在明显的负相关关系（Karimi and Shokrinezhad，2020）。然而，流行病学文献中得到的关系很可能存在严重的内生性问题。这主要来自两个方面，即人们为保护自己会采取规避行为，以及遗漏同时影响空气质量和健康结果的混淆变量。经济学在研究空气污染对新生儿的影响中发挥了独特的补充作用。经济学家通常使用包含地区固定效应或个体固定效应的面板数据模型，或者利用类似随机对照试验（RCT）的外生变量来源，以确定空气污染与健康结果（如婴儿死亡率）之间的因果关系。

大量经济学文献揭示了空气污染与儿童健康的因果关系，其中大部分研究都来自美国（Chay and Greenstone，2003；Currie and Neidell，2005；Currie and Walker，2011；Currie et al.，2009；Knittel et al.，2016；Lleras-Muney，2010），也有小部分来自其他一些工业化国家（Coneus and Spiess，2012；Inoue et al.，2020；Lavaine and Neidell，2017；Lee et al.，2018；Luechinger，2014）。新兴文献已将注意力转向发展中国家，包括印度尼西亚（Chakrabarti，2021；

Jayachandran，2009）、墨西哥（Arceo et al.，2015；Gutierrez，2015）、土耳其（Cesur et al.，2017）、印度（Greenstone and Hanna，2014；Sankar et al.，2020）和撒哈拉以南非洲国家（Pongou，2013；Pongou et al.，2017）。然而，中国几乎没有关于空气污染对婴儿死亡率影响的研究文献。国内现有的研究主要集中于空气污染对心脑血管疾病和呼吸系统疾病的影响（Chen et al.，2018；Fan et al.，2020；He et al.，2016），以及对预期寿命的影响（Chen et al.，2013；Ebenstein et al.，2017）。

关于空气污染对中国婴儿死亡率影响的研究很少。只有Tanaka（2015）利用中国各地环境规制的外生变化间接地估计了空气污染与婴儿死亡率之间的因果关系，但他们的样本非常有限。其他国家的研究发现空气污染与健康之间存在非线性的剂量-反应关系（dose-response relationship），如Arceo等（2015）和Burnett等（2018），这说明空气污染对婴儿死亡率的影响在不同污染程度上可能存在差异。因此，在估计中国空气污染对健康的影响时，更清洁和更高收入国家的结论可能不适合作为参考。本章使用城市面板数据估计了空气污染对中国新生儿健康的边际不利影响，为相关文献提供了新的经验证据。

本章搜集整理了数百个分散的高质量官方资料和学术资料，构建了2004—2015年中国288个地级市的儿童死亡率（非平衡）面板数据集，并将通风系数作为空气污染的工具变量，使用双向固定效应模型估计空气污染对儿童死亡率的因果关系。研究发现，$PM_{2.5}$年平均浓度每增加1微克/立方米，将导致婴儿死亡率增加0.163个百分点，污染弹性为0.83，但没有证据表明空气污染对儿童（1~4岁）死亡率存在显著影响。本章的研究拓展了发展中国家关于空气污染和婴儿死亡率的相关文献，并提供了来自中国的因果证据。

3.2 数据

3.2.1 空气污染数据

$PM_{2.5}$是污染-死亡率相关文献中主要研究的空气污染物（Deryugina et al.，2019；Freeman et al.，2019）。本章使用地理信息系统（GIS）软件对Van Donkelaar等（2016）提供的栅格级卫星数据进行处理，得到地级市$PM_{2.5}$的年平均浓度，并用其来衡量空气污染。Van Donkelaar等（2016）提供的卫星数据结合了NASA卫星MODIS、MISR和SeaWiFS的气溶胶光学深度（AOD）检索。这些数据后续通过$PM_{2.5}$的地面监测数据进行校准。本章绘制了中国每个地级市行政边界栅格图，以获得城市级别的$PM_{2.5}$年平均浓度。该$PM_{2.5}$浓度数据集在先前的研究中已被广泛使用（Freeman et al.，2019；Lai et al.，2021；Zhang et al.，2021）。需要指出的是，本章没有使用直接的地面污染监测数据，因为其覆盖范围并不全面：2000年为42个城市，2010年为110个城市。此外，监测站的数据可能存在一定的测量误差（Andrews，2008；Ghanem and Zhang，2014；Greenstone et al.，2022）。

2004—2015年样本城市$PM_{2.5}$年平均浓度的空间分布，年平均浓度范围为4.5~75.7微克/立方米。污染最严重的城市主要位于制造业聚集的东部省份。所有城市的$PM_{2.5}$年平均浓度为36.48微克/立方米，约为世界卫生组织制定标准的3.6倍。

图3-1显示了2004—2015年中国$PM_{2.5}$年平均浓度的时间发展趋势。2004—2015年，$PM_{2.5}$的年平均浓度都超过了世界卫生组织新制定的全球空气质量标准。

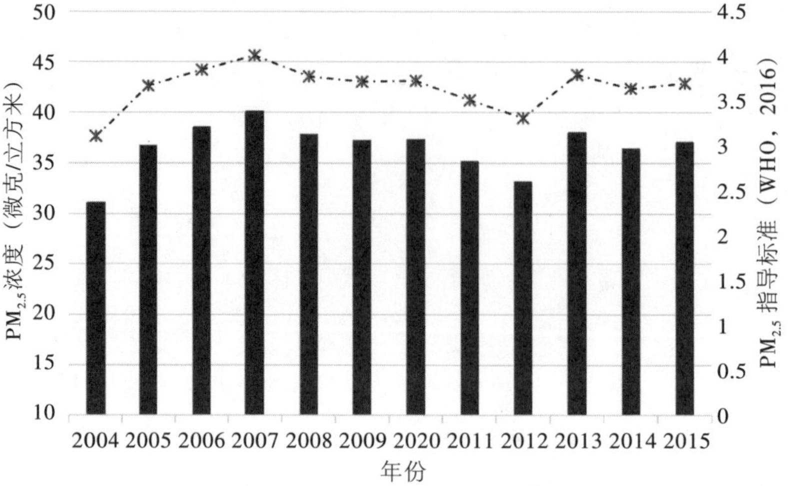

图3-1　2004—2015年中国$PM_{2.5}$年平均浓度变化趋势

3.2.2　婴儿死亡率数据

中国地级市层面的婴儿死亡率和5岁以下儿童死亡率数据并未公开。本章通过各种可靠的官方渠道和学术渠道手动收集相关数据，并构建了第一个涵盖2004—2015年288个地级市儿童死亡率的（非平衡）面板数据集，这也是本研究的重要贡献之一。

数据来源如下：

（1）通过“依公开申请”渠道，云南省和浙江省卫生健康委提供了相应数据。

（2）部分城市的数据来自官方出版的统计年鉴，包括省卫生（统计）年鉴、城市统计年鉴和城市年鉴。其中，很大一部分数据从城市年鉴中的“妇幼保健”条目获取。

（3）部分数据来自中国医学期刊上发表的研究论文，里面包括一些城市的婴儿死亡率数据。这些论文在数据描述中报告了部分地区妇幼健康状况的描述性统计数据。本章使用的数据最初由社区/村医生收集并上报到上级卫生健康委员会，最终整理后上报至全国妇幼卫生监测办公室。Song等（2016）也使用了从学术出版物中提取数据的方法，其线上补充材料提供了有关儿童死亡监测和搜索策略的详细信息。

（4）其余数据来源于各省市政府、统计局、卫生健康委员会网站上的统计新闻、统计公报、儿童发展规划、儿童发展监测报告等。

婴儿死亡率（IMR）为城市当年婴儿死亡人数（1岁以内死亡人数）与活产婴儿数的比值，以每1 000名活产婴儿中死亡人数表示。5岁以下儿童死亡率（U5MR）指每1 000名活产婴儿中5岁以下死亡的儿童人数。很明显，婴儿死亡率是5岁以下儿童死亡率的一个子集，因此，可以用5岁以下儿童死亡率减去婴儿死亡率得到儿童（1~4岁）死亡率。

Pongou等（2019）发现撒哈拉以南非洲地区的儿童死亡率主要发生在出生后的第一年，且死亡率的决定因素因年龄而异。为了检验空气污染对特定年龄死亡率的潜在异质性，本章没有直接使用U5MR，而是计算儿童（1~4岁）死亡率，将其作为因变量。由于数据的可得性，存在一个城市在某些年份只有一个结果变量的情况，而儿童（1~4岁）死亡率为U5MR的子集，故使用它作为因变量时，样本量较少。

3.2.3　工具变量

参考已有文献，本章使用通风系数的年平均值（例如，Broner et al.，2012；Hering and Poncet，2014）作为空气污染的工具变量。通风系数为风速与空气混合层高度（air mixing layer height）的乘积，风速和空气混合层高度分别决定了水平和垂直方向的污染扩散。通风系数越高的城市，污染物扩散速度越快，空气质量越好。通风系数是与经济活动无关的气象条件。原始数据来自ECMWF ERA-Interim，数据处理步骤如下：首先，分别计算了从栅格到城市的日度风速均值和空气混合层高度均值。然后，将城市日度数据加总到年度层面，并求风速年平均值和空气混合层高度年平均值的乘积，得到城市年通风系数。

3.2.4 控制变量

本章纳入了一系列可能影响空气质量和死亡率的控制变量。现有文献表明，天气冲击会对空气污染水平和出生结果变量产生影响（Chen et al.，2020；Silva et al.，2017）。因此，本章在研究中纳入以下气象变量：平均气温、累积降水量、日照时数和相对湿度。这些气象变量数据来自国家气象信息中心（NMIC）。本章使用反距离加权法将站点级气象数据转换为城市周边不超过10个站点的0.5km×0.5km栅格级气象数据，然后在城市层面进行加总。同时，参考Arceo等（2016），控制了平均温度的四次多项式，以及降水量和相对湿度的二次多项式，以控制气象的非线性影响。

3.2.5 调节变量

本章以中位数为划分依据，生成了三个虚拟变量以检验医疗条件和生活水平的调节效应。其中，医疗服务可获得性使用每万人医院床位数和每万人医疗工作人员数量衡量；生活水平使用经省级居民消费价格指数（以2004年价格为基准）平减的实际收入衡量。数据来源于《中国城市统计年鉴》和万得（Wind）数据库。最终样本为2004—2015年中国288个地级市的2 931个观测值。表3-1总结了主要变量的描述性统计信息。总体上，每年每1 000名活产婴儿中有7.29名婴儿死亡。

表 3-1　　　　　　　　　　**描述性统计**

变量	观测值	平均值	标准差	最小值	最大值
婴儿死亡率（%）	2 931	7.287	4.446	0	54.69
儿童（1~4岁）死亡率（%）	2 656	1.889	1.193	0	13.18
$PM_{2.5}$浓度（ug/m^3）	2 963	36.484	15.946	3.317	9 086
平均温度（℃）	2 963	14.839	4.39	2.606	24.888
降雨量（毫米/年）	2 963	1 045.026	458.469	175.093	2 666.12
相对湿度（%）	2 963	69.072	7.452	43.805	85.819
日照时长（小时/年）	2 963	1 960.937	407.645	906.271	3 082.471
通风系数	2 963	1 852.255	136.996	1 620.298	2 689.049
每万人医院床位数	2 911	3.594	1.742	0.12	18.85
每万人医疗人员数	2 911	1.888	1.082	0.07	12.67
人均可支配收入（元）	2 913	14 597.16	5626 828	5 114	40 795.93

3.3　识别策略

为估计$PM_{2.5}$浓度对儿童死亡率的影响，设定固定效应模型如下：

$$y_{it} = \beta_0 + \beta_1 P_{it} + X_{it} + \gamma_i + \delta_t + \varepsilon_{it} \tag{3.1}$$

其中，y_{it}为儿童死亡率，包括城市 i 在 t 年的婴儿死亡率和儿童（1~4 岁）死亡率；P_{it}为城市$PM_{2.5}$年平均浓度；X_{it}为气象与医疗条件控制变量。城市固定效应γ_i和年份固定效应δ_t分别控制了不随时间变化与不随城市变化的不可观测因素的影响。ε_{it}为随机扰动项。β_1是本章主要关注的系数，它反映了$PM_{2.5}$年平均浓度对婴儿死亡率或儿童（1~4 岁）死亡率的影响。标准误差聚类在城市层面，以控制城市内的序列自相关。

尽管模型（3.1）控制了一系列气象条件变量，但是由于存在遗漏变量和人们的规避行为，使用OLS进行估计仍可能导致β_1的估计产生偏误。

例如，模型中忽略了城市层面同时影响空气质量和儿童死亡率的时变不可观测因素，如交通拥堵或不同时点城市实施的特定环境法规等，这可能使β_1的估计结果向上偏移或向下偏移。此外，由于早期地面空气监测站数量较少，且地方政府可能存在操纵数据现象（Andrews，2008；Ghanem and Zhang，2014；Greenstone et al.，2022），$PM_{2.5}$年平均浓度的测量误差也可能使β_1的估计结果产生偏误。

为尽可能减少测量误差，本章使用卫星数据进行测算，并使用地面观测数据进行校准。

另一个潜在的担忧是，规避行为和空间自选择（spatial sorting）可能会使β_1的估计向下偏移，即低估空气污染对儿童死亡率的影响。为了减少空气污染暴露，在短期，人们可能会购买口罩和空气净化器（Zhang and Mu，2018；Ito and Zhang，2020），或者去空气质量较好的城市旅游（Chen et al.，2021），以降低空气污染的负面影响；从长期来看，人们可能会采取移民策略，迁移到其他城市以寻求更清洁的空气（Chen et al.，2022；Qin and Zhu，2018）。

然而，空间自选择不太可能对本研究造成偏误。

首先，中国实施户籍制度，对城乡人口流动和城市间人口流动进行限制，国内人口流动相对受限。直到2014年，政府才开始放宽户籍制度。

其次，直到2013年，生态环境部的空气质量监测系统才开始逐步建立并公开空气质量数据（Barwick et al.，2024）。在此之前，公众对空气污染的认识很有限。虽然生态环境部门自2000年以来每天都会发布主要城市的空气污染指数（API），但这些信息没有得到媒体和广播的广泛报道，公众对此所知甚少。

因此，本书使用谷歌在线搜索指数衡量公众对空气质量的认识。图3-2展示了使用“雾霾”、“$PM_{2.5}$”和“空气污染”作为关键词的谷歌趋势。2013年前，“雾霾”和“$PM_{2.5}$”的搜索指数平均值接近零。尽管“空气污染”搜索指数波动性较大，但在2013年前呈下降趋势。考虑到样本期内互联网普及率不高（2015年为48.8%，CNNIC），本章使用标题中提到“雾霾”、“$PM_{2.5}$”和“空气污染”的报纸数量间接衡量公众对空气质量的关注程度，结果如图3-3所示，显示了与谷歌搜索指数类似的变化趋势。由于人们对空气污染的认识和移民到空气质量好的地方是一个长期过程，本章认为空间自选择对估计不会产生严重影响。

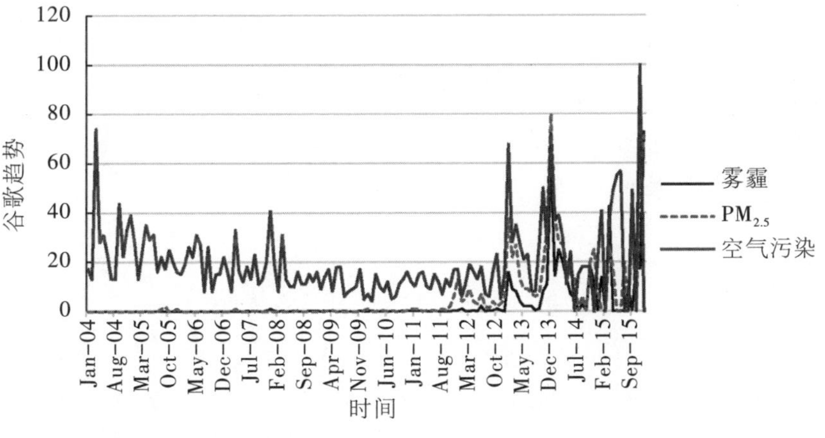

注：数据来源于谷歌趋势。

图3-2　中国2004—2015年“雾霾”、“$PM_{2.5}$”和“空气污染”的谷歌趋势

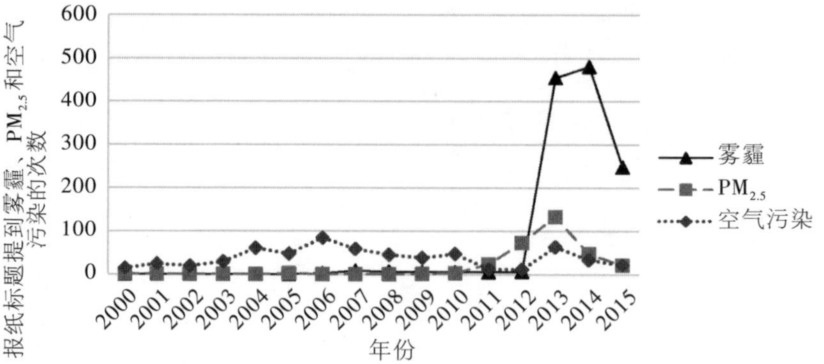

注：数据来源于中国核心报刊全文数据库。

图 3-3 标题包含“雾霾”、“$PM_{2.5}$”和“空气污染”的报纸数

本章使用工具变量法来解决上述问题。通风系数是影响污染物扩散的气象条件，本章使用城市通风系数（用 VC_{it} 表示）作为 $PM_{2.5}$ 年平均浓度的工具变量。第一阶段回归模型如下：

$$P_{it} = \alpha_0 + \alpha_1 VC_{it} + X_{it} + \gamma_i + \delta_t + \varepsilon_{it} \tag{3.2}$$

其中，P_{it} 是城市 i 第 t 年的 $PM_{2.5}$ 浓度，VC_{it} 是城市 i 第 t 年的通风系数。其他变量的设定与基准回归（式 3.1）相同。

3.4 实证结果

表 3-2 报告了使用婴儿死亡率作为结果变量的结果。第（1）列只包含城市和年份固定效应，$PM_{2.5}$ 浓度（指年平均浓度，下同）系数为 0.062，在 1% 水平显著。第（2）列加入天气控制变量，系数大小几乎没有变化：$PM_{2.5}$ 浓度每增加 10 微克/立方米，将导致每 10 万名活产婴儿中有 58 名婴儿死亡。

表3-2　　　　**空气污染对婴儿死亡率的影响**

	(1)	(2)	(3)	(4)
	OLS		2SLS	
			第一阶段	
解释变量			$PM_{2.5}$浓度	
通风系数			-0.026^{***}	-0.028^{***}
			((0.00))	((0.00))
C-D F 统计量			103.657	122.450
K-P F 统计量			106.617	123.732
			第二阶段	
被解释变量	婴儿死亡率			
$PM_{2.5}$浓度	0.062^{***}	0.058^{***}	0.201^{***}	0.163^{***}
	(0.01)	(0.01)	(0.05)	(0.05)
天气控制变量	N	Y	N	Y
城市固定效应	Y	Y	Y	Y
年份固定效应	Y	Y	Y	Y
观测值	2 931	2 931	2 931	2 931
R^2	0.787	0.792	0.774	0.785

注：所有回归都包括城市固定效应和年份固定效应；括号内为聚类到城市层面的标准误；气象控制变量包括平均温度的四次多项式、降水量和相对湿度的二次多项式以及日照时数；***、**和*分别表示在1%、5%和10%的显著性水平上显著。

第（3）~（4）列报告了IV的估计结果。第一阶段的估计系数显著为正，表明使用通风系数估计空气污染有很强的预测能力。同时，Cragg-Donald Wald F统计量（简称C-D F统计量）和Kleibergen-Paap rk Wald F统计量（简称K-P F统计量）都远远大于10，说明不太可能存在弱工具问题。

第二阶段估计的污染影响约为OLS估计的3倍，表明由于内生性问题，使用OLS进行估计存在向下的偏差。

第（4）列（选定的基准模型）结果显示，平均而言，$PM_{2.5}$浓度每增加10微克/立方米，会导致城市每10万名活产婴儿中有163名婴儿死亡。

表3-3报告了使用儿童死亡率（1~4岁）作为结果变量的结果，显示出与表3-2不同的模式。第（2）列中的OLS估计表明空气污染存在显著的负向影响，即$PM_{2.5}$浓度每增加10微克/立方米，将导致每10万名儿童（1~4岁）中有16名儿童死亡。然而，基准结果表明空气污染对儿童死亡率不存在显著的影响，这可能反映了死亡率的决定因素随年龄变化而变化。

表3-3　　**空气污染对儿童（1~4岁）死亡率的影响**

	（1）	（2）	（3）	（4）
	OLS		2SLS	
			第一阶段	
解释变量			$PM_{2.5}$浓度	
通风系数			-0.025^{***}	0.027^{***}
			（0.00）	（0.00）
C-D F 统计量			88.937	102.921
K-P F 统计量			87.844	98.958
			第二阶段	
被解释变量	儿童（1~4岁）死亡率			
$PM_{2.5}$浓度	0.017^{***}	0.016^{***}	−0.01	−0.023
	（0.00）	（0.00）	（0.02）	（0.02）

续表

	(1)	(2)	(3)	(4)
	OLS		2SLS	
天气控制变量	N	Y	N	Y
城市固定效应	Y	Y	Y	Y
年份固定效应	Y	Y	Y	Y
观测值	2 654	2 654	2 654	2 654
R^2	0.679	0.683	0.672	0.670

位于欠发达地区的城市污染程度较轻，但卫生基础设施较差。同样，高度城市化的地区拥有丰富的医疗资源，但经济活动更密集，因此污染更严重。

为了评估空气污染暴露对IMR的不利影响是否因不同城市公共卫生和医疗可及性以及发展水平的不同而不同，本章进一步估计了每万人医院床位数、每万人医疗工作人员数量和可支配收入3个变量（低于中位数的城市作为对照组）的调节作用。

表3-4展示了空气污染暴露的负面影响，以及这种关系如何随着当地卫生基础设施和经济发展水平的变化而变化。尽管所有交互项的系数都不显著，但这并不意味着这三个渠道都不重要。另外，本章还使用平均值作为分界点来生成虚拟变量，并重新估计。只有“$PM_{2.5}$浓度×医疗人员数”的系数保持稳定，其他两个估计系数符号均发生了变化，这可能意味着医疗工作人员在减轻空气污染的有害影响方面发挥更重要的作用。使用医疗床位数量和医生数量进行衡量可能可以得到更可靠的证据（Mosquera et al.，2012）。

表3-4 **医疗服务可及性与可支配收入对儿童死亡率的调节作用（2SLS）**

	（1）	（2）	（3）	（4）
$PM_{2.5}$浓度	0.163**	0.126**	0.169***	0.171**
	（0.05）	（0.06）	（0.05）	（0.08）
$PM_{2.5}$浓度×医院床位数		0.058		
		（0.05）		
$PM_{2.5}$浓度×医疗人员数			−0.144	
			（0.16）	
$PM_{2.5}$浓度×人均可支配收入				−0.014
				（0.06）
天气控制变量	Y	Y	Y	Y
城市固定效应	Y	Y	Y	Y
年份固定效应	Y	Y	Y	Y
观测值	2 931	2 931	2 931	2 931
R^2	0.785	0.785	0.784	0.785

上述level-level模型在研究空气污染对人类健康影响的文献中经常被使用（Currie and Neidell，2005；Coneus and Spiess，2012；Arceo et al.，2015）。

相关文献也使用了其他类型，例如level-log模型（Gutierrez，2015）、log-level模型（Cheung et al.，2020）和log-log模型（Sankar et al.，2020）。

本章对这些模型进行估计，并在表3-5中报告相关结果。这些稳健性检验证实，较高的$PM_{2.5}$年平均浓度水平对婴儿死亡率具有显著的正向影响。

表 3-5 **稳健性检验**

	OLS			2SLS		
	(1)	(2)	(3)	(4)	(5)	(6)
	IMR	log (IMR)	log (IMR)	IMR	log (IMR)	log (IMR)
$PM_{2.5}$浓度		0.005***			0.019***	
		(0.00)			(0.00)	
log ($PM_{2.5}$浓度)	1.855***		0.154***	5.565***		0.680***
	(0.54)		(0.05)	(0.54)		(0.18)
C-D F 统计量				135.024	122.450	135.870
K-P F 统计量				102.833	123.732	100.419
天气控制变量	Y	Y	Y	Y	Y	Y
城市固定效应	Y	Y	Y	Y	Y	Y
年份固定效应	Y	Y	Y	Y	Y	Y
观测值	2 931	2 931	2 931	2 931	2 931	2 931
R^2	0.791	0.871	0.870	0.785	0.859	0.86

4

看不见的污染：臭氧污染与公共健康

4.1 引言

自2013年以来，中国建立起完善的空气污染监测体系（Barwick et al.，2024）并持续实施了大量空气污染治理政策，例如“大气十条”、京津冀大气污染防治计划、北方地区冬季清洁取暖规划、蓝天保卫战等，这些政策大幅度改善了中国空气质量，PM_{10}、$PM_{2.5}$、SO_2、NO_2等空气污染物浓度迅速下降（罗知和李浩然，2018；宋弘等，2019；李倩等，2022；Meng et al.，2019；Greenstone et al.，2021）。然而，蓝天下的威胁却悄悄升起——O_3污染问题不断凸显，持续保持在较高水平，已成为现阶段中国主要的大气污染物。图4-1展示了中国2013—2021年5种主要污染物浓度的变化趋势，可以看到，PM_{10}、$PM_{2.5}$、SO_2和NO_2等污染物浓度出现了大幅度的下降，但O_3污染不降反升。图4-2展示了中国城市2015—2019年各种污染物被报告为主要污染物的天数占比，2015—2019年间，$PM_{2.5}$被报告为主要污染物的天数占比从2015年的35%减少到2019年的19%，而O_3被报告为主要污染物的天数占比则从2015年的19%增加到2019年的32%。O_3已经超过了$PM_{2.5}$成为了中国目前最主要的大气污染物。党的二十大报告指出，“深入推进环境污染防治。坚持精准治污、科学治污、依法治污，持续深入打好蓝天、碧水、净土保卫战。加强污染物协同控制，基本消除重污染天气。”其中，“加强污染物协同控制”和“基本消除重污染天气”的表述意味着在“十四五”阶段O_3污染将成为治理和突破的重点。

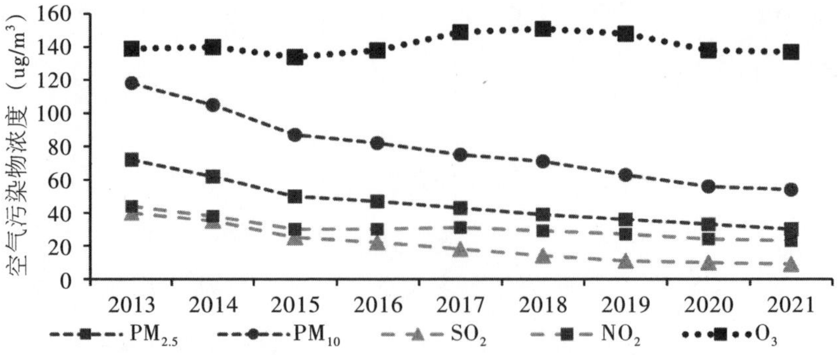

注：数据来自中国生态环境部发布的《中国生态环境状况公报》。2013年覆盖了74个城市，2014年覆盖了161个城市，2015年及以后覆盖了338个地级及以上城市。其中，O_3为日最大8小时平均第90百分位数浓度，CO为日均值平均第95百分位数浓度。①

图4-1　中国城市2013—2021年五种主要污染物浓度趋势变化图

由于空气污染具有很强的负外部性，合理制定空气污染规则政策的前提是了解污染引致的外部性成本（Helfand et al.，2003），特别是公共健康成本（陈硕和陈婷，2014；王玉泽和罗能生，2020；范丹等，2021；Chen et al.，2013；Ebenstein et al.，2017；Fan et al.，2020）。本章关注近几年中国O_3污染持续上升阶段中该污染物带来的公共健康成本。相较于$PM_{2.5}$污染，同等程度的O_3污染可能会导致更为严重的公共健康损害，其主要原因是人们对O_3污染规避行为的不足。已有大量研究表明，当$PM_{2.5}$污染严重时，人们会通过减少出行（Graff Zivin and Neidell，2009）、佩戴防霾口罩（Zhang and Mu，2018）以及使用空气净化器（Ito et al.，2020）等手段来降低$PM_{2.5}$污染对健康的损害。然而，人们不太可能对O_3污染产生较强的规避行为。这主要有两个原因：首先，人们对O_3污染的严重性了解不足。

① 按照《环境空气质量评价技术规范（试行）》（HJ 663-2013），将日历年内有效的O_3日最大8小时平均值、CO 24小时平均值按数值从小到大排序，取第90%位置的O_3日最大8小时平均值与国家标准日最大8小时平均浓度限值比较，判断臭氧达标情况；取第95%位置的CO 24小时平均值与CO 24小时标准浓度限值比较，判断CO达标情况。

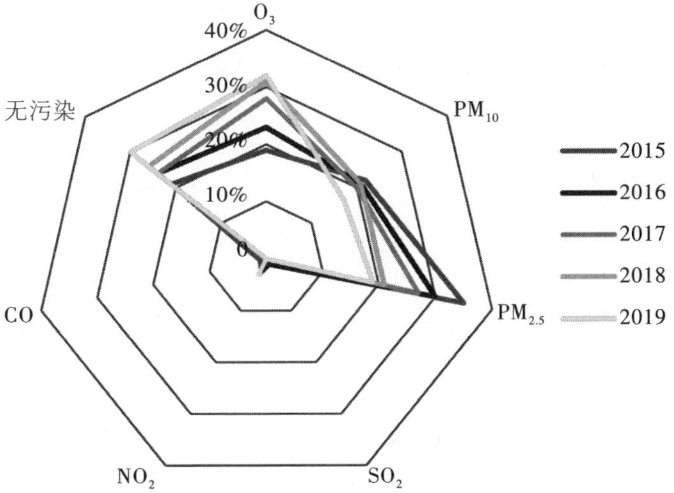

注：数据来自中国空气质量在线监测和分析平台。如果某市某天 AQI≥50，则会报道当天主要的污染物种类，图中展示了2015—2019年间各种污染物被报道为主要污染物的频率。如果 AQI<50，则意味着空气质量优秀，图中把这些天标记为“无污染”。

图4-2　中国城市2015—2019年各种污染物被报告为主要污染物的天数占比

图4-3展示了2015—2019年 O_3、$PM_{2.5}$、AQI和雾霾的日度平均的百度搜索指数。研究发现，公众对 $PM_{2.5}$ 和雾霾的关注度持续保持在较高的水平。然而，即使2019年 O_3 已经成为主要的污染物，公众对 O_3 污染的关注并未明显增加，这意味着人们不会对此污染产生规避行为。其次，O_3 是一种蓝天下“隐形”的污染（Kong et al.，2022），并多发于夏日阳光明媚的时刻。[①]人们通常会选择在天气较好的时候进行室外活动，这反而会加剧 O_3 污染对公共健康的损害。[②]

---

① 人们可以很容易观察到 $PM_{2.5}$ 污染严重，即“雾霾”发生时的情景，此时便会对污染作出相应的规避行为。

② 事实上，除了上述渠道外，人们还可以通过AQI播报对 O_3 污染产生“被动”规避行为。主要原因是，AQI报告的是每天的主要污染物，因此当 O_3 污染是当日的主要污染物时，AQI指数代表的污染程度就等价于 O_3 污染程度，此时人们基于AQI产生的污染规避行为就可以规避 O_3 污染。但在本书的样本期内（2015—2018年），O_3 污染成为AQI指数报告的主要污染物的频率约为25%，从这个角度讲，人们对 O_3 污染的规避行为很弱。

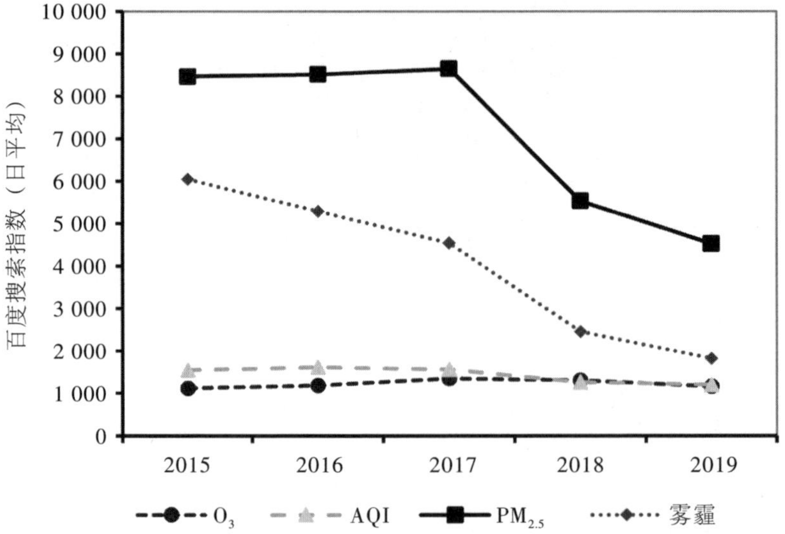

注：数据来自“百度指数”（https：//index.baidu.com/v2/index.html#/），数据统计范围包括PC端和移动端。

图4-3　2015—2019年公众对O_3、PM2.5、雾霾以及AQI的关注度

现有文献虽然已经研究了O_3污染对公共健康的负面影响，但这些研究主要集中在国外，尤其是发达国家（Currie et al.，2009；Turner et al.，2016；Vicedo-Cabrera et al.，2020；Zhao et al.，2021；Alexander and Schwandt，2022）。

少数文献关注了中国O_3污染对公共健康的影响，但这些研究要么仅仅给出了相关性的估计，而没有提供因果关系的证据；要么由于公共健康数据的可获得性，使用的样本范围较为局限，从而估计结果的外部有效性不够，无法推算污染带来的经济损失（Chen et al.，2017；Yin et al.，2017；Kong et al.，2022）。

Yin等（2017）使用中国272个地级市的数据估计了O_3污染与日度死亡率之间的相关性。

Chen等（2017）使用江苏省7个城市2013—2014年的日度数据

估计了O_3污染与日度死亡率之间的相关性。

Kon等（2022）的研究样本则限定于威海的一家医院，并使用固定效应模型估计了O_3污染对就医的影响。

虽然他们在研究中做了大量关于内生性问题的讨论和检验，但由于数据的局限性，无法使用文献主流的工具变量或者准自然实验来处理内生性问题。

本章收集了中国160个地级市婴儿死亡率和5岁以下儿童死亡率的数据，试图使用工具变量法估计O_3污染与它们的因果关系，并测算O_3污染导致的经济损失。

估计O_3污染与婴儿死亡率的因果关系最大的挑战在于污染数据是日度的，但结果变量却是年度的。现有文献基于O_3污染可以跨界传输以及风向的随机性构造工具变量来估计O_3污染与婴儿死亡率的因果关系（Schlenker and Walker，2016；Zheng et al.，2019；Fu et al.，2022；Wang et al.，2022）。然而，直接使用两阶段最小二乘法（2SLS）估计因果效应需要把日度数据加总到年度，这将会产生巨大的效率损失（Fu et al.，2022）。

为了解决上述问题，本章参考Dhrymes和Lleras-Muney（2006）和Fu等（2022）的做法，使用混合两阶段最小二乘法（M2SLS）来提高估计效率。该方法的核心思想是在第一阶段用高频数据估计，然后把第一阶段的预测值加总到年度再估计第二阶段的模型。

本章使用2015—2018年全国160个地级市的数据，使用上风城市O_3浓度的距离加权平均作为目标城市O_3的工具变量，采用混合两阶段最小二乘法估计了O_3污染与婴儿死亡率的因果关系。

研究发现，O_3浓度每提高1微克/立方米，会导致婴儿平均死亡率提高约0.06个千分点、5岁以下儿童的平均死亡率提高约0.1个千分点。样本期内O_3污染的上升会导致9万名5岁以下儿童的死亡，造成了至少6 767亿元的货币损失。O_3污染导致公共健康危害的主要原因是人们对污染的危害认识不足引致的较低规避行为。

本章的研究同时具有学术价值和政策价值。

从学术角度讲，首先，本章构造了一个有代表性的婴儿死亡率数据集，估计了近年来O_3污染逐渐升高背景下O_3污染对中国的污染敏感群体的公共健康损害的因果效应，并测算了经济损失。其次，本章使用了M2SLS方法解决了日度污染数据和年度公共健康结果变量这一数据频率不匹配导致的传统方法估计效率下降的问题。由于很多重要的结果变量都是年度的，该方法的应用也能推广到更多其他的研究问题。本章的研究扩展了M2SLS方法的应用情景。

从政策角度讲，首先是公众认知。随着O_3污染逐渐成为中国主要污染物，公众对O_3污染的认识并没有相应提高，公众污染规避行为的缺乏可能是O_3污染导致较大公共健康损害的重要原因之一，较低的预防性支出意味着事后较高的医疗支出，会对国家医疗保障体系造成较大负担，因此政府应当对民众加强O_3污染危害和预防措施的宣传普及工作，提高公众的认识，更好地做到事前预防。其次是污染监测。目前中国的O_3污染水平比发达国家高，这也是O_3污染导致较大公共健康损害的重要原因之一。因此政府以后的大气污染治理方向应该适度转向O_3污染，全面构建O_3污染物前驱体（比如VOCs）排放监测体系，从源头上减少O_3污染。最后是协同治理。从大气污染治理机制讲，$PM_{2.5}$和O_3污染的协同治理目前已经形成共识，虽然文献中已经较为全面地估计了中国$PM_{2.5}$的公共健康损害，但缺乏O_3污染的外部性成本数据，从而难以制定准确的$PM_{2.5}$和O_3污染协同治理政策。本书的发现正好可以形成补充，为$PM_{2.5}$和O_3污染的协同治理政策的制定提供依据。

4.2 数据

本书使用混合两阶段最小二乘法估计了2015—2018年中国160个地级市O_3污染与婴儿死亡率和5岁以下儿童死亡率的因果关系。在估计的第一阶段，需要使用日度层面的O_3污染和气象条件数据集。在估计的第二阶段，需要使用日度风向数据集（以构造工具变量）和年度婴儿死亡率数据集。下面将详细介绍本章使用的数据集。

4.3 O_3污染数据集

日度O_3污染的数据来自中国空气质量在线监测和分析平台。[①]由于O_3浓度白天比晚上高很多（Lal et al.，2000；Han et al.，2011），室外比室内高很多（Weschler et al.，1989；Nazaroff et al.，2022），因此O_3更有可能白天在室外对儿童造成健康损害。[②]因此参考Wang等（2022）的做法，使用最大8小时O_3浓度作为O_3污染的衡量。

4.3.1 气象数据集

日度风向数据来自美国国家海洋和大气管理局（NOAA）。[③]该数据的主要数据频率为3小时一次，提供了吹过监测站的风的平均风向。以正北为基准（0度），风向的变化范围是0~360度。[④]

本章需要控制日度气象条件，包括平均温度、风速、降雨量和相对湿度。NOAA发布的GSOD（global summary of a day）数据集提供了

① 数据来源于PM2.5历史数据平台（https：//www.aqistudy.cn/historydata）。

② Lai等（2000）发现白天O_3浓度相较于夜晚高出1.5倍；Nazaroff等（2022）发现室内O_3浓度仅为室外的25%。

③ 数据来源于PM2.5历史数据平台（http：//www.ncde.noaa.gov/data-acess）。

④ 少数监测站数据频率为30分钟一次。

观测站的日度气象条件变量。这些变量包括露点温度、平均温度、风速和降雨量。此外，NOAA还根据露点温度和平均温度计算了相对湿度。[①]

4.3.2 婴儿死亡率数据集

上一章已经详细介绍了中国地级市层面的婴儿死亡率和5岁以下儿童死亡率数据集的构造过程，这里不再赘述。

表4-1报告了主要变量的描述性统计。

表4-1 **主要变量描述性统计**

变量	观测值	均值	方差
被解释变量：			
婴儿死亡率（Imr，‰）	543	3.66	1.53
5岁以下儿童死亡率（U5mr，‰）	515	4.91	1.99
解释变量：			
O_3浓度（微克/立方米）	174 303	89.06	42.76
工具变量：			
附近城市加权平均的O_3浓度	174 303	24.02	21.18
控制变量：			
温度（℃）	174 303	15.49	10.66
风速（m/s）	174 303	4.99	2.83
降雨量（英寸）	174 303	0.14	0.43
相对湿度（%）	174 303	68.43	18.88

① 相对湿度根据露点和气温计算得出，计算公式详见http：//bmcnoldy.rsmas.miami.edu/Humidity.html。

4.4 识别策略

4.4.1 内生性问题及识别策略

本章从这一节开始讨论如何识别O_3污染与婴儿死亡率之间的因果关系。

我们认为，主要存在的内生性问题是遗漏变量问题。遗漏某些随城市和时间共同变化的不可观测因素可能会导致TWFE估计量有偏（双向固定效应模型只能吸收不随时间变化或者不随截面变化的不可观测因素）。例如，理论上，O_3污染提高会提高婴儿死亡率，但实际上，从数据本身看，O_3污染和婴儿死亡率之间是负相关关系（如图4-4所示）。其主要原因是，一个婴儿死亡率较低的城市本身就会"生产"更高的O_3污染。婴儿死亡率较低意味着这个城市有较好的医疗条件以及较高的人均收入水平等一系列会提高公共健康水平的特征，这些城市通常会因为人类活动"生产"更多的O_3污染。①这意味着遗漏变量问题的存在可能会导致OLS严重低估本身的因果关系，甚至得出反向的错误结论。本章将在下一节对该问题进行更详细的讨论。

为了处理内生性问题，本章参考现有文献，基于O_3污染可以跨界传输以及风向的随机性构造工具变量来估计O_3污染与婴儿死亡率的因果关系（Schlenker and Walker，2016；Zheng et al.，2019；Fu et al.，2022；Wang et al.，2022）。

---

① 例如，Zeng等（2008）发现武汉市夏天O_3污染主要来源是机动车尾气排放的VOCs等O_3污染前驱体通过化学反应产生的二次O_3污染。人均收入水平较高的城市一般会拥有更多的机动车，进而会排放更多的O_3前驱体。

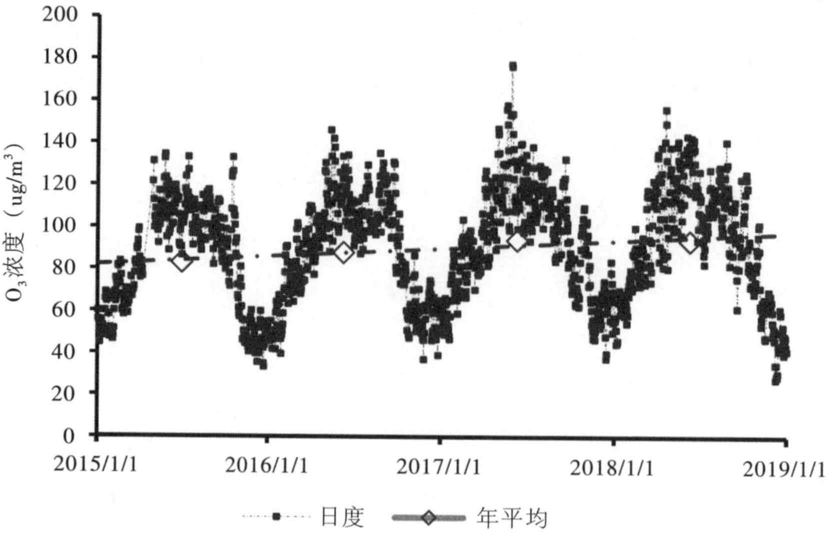

注：数据来自中国空气质量在线监测和分析平台。

图4-4　O_3浓度日度趋势与年平均趋势对比

为了满足相关性条件，需要保证附近城市与目标城市的距离不能太远，从而有足够多的污染物可以传输到目标城市。因此，本章选择距离目标城市300千米范围以内的城市为“附近城市”。①

同时，为了尽可能捕捉变异，本章使用风从附近城市吹往目标城市时附近城市的O_3浓度基于距离和角度的加权值作为目标城市O_3浓度的工具变量（Zheng et al.，2019）。

外生性条件要求目标城市的婴儿死亡率与附近城市的O_3污染无关。上风向城市的O_3传输到目标城市，为目标城市的O_3污染带来了外生变异，在短期（因而需要使用高频数据），它不太可能对目标城

① 目前关于邻近城市距离阈值的选择并没有权威的说法，本章也主要参照已有的文献来选定距离阈值（如Zheng et al.，2019；Chen et al.，2020）均选择300千米来界定邻近城市），同时使用其他距离阈值（如200千米和400千米）来选择邻近城市构造工具变量进行稳健性检验。Barwick等（2021）虽然使用目标城市之外的所有城市的空气质量来构造工具变量，但其依然选择了300千米来区分邻近城市和远途城市（基准回归结果选定150千米为阈值，后逐步放松至300千米，结果依然稳健。其中，同时使用邻近城市当期的空气质量和远途城市滞后期空气质量来构造工具变量）。

市的污染排放行为产生影响。[①]即使如此，本章依然参考Zheng等（2019）的做法排除了靠得太近的城市（距离60千米以内的城市）[②]。

基于上述工具变量和数据结构，本章可以将日度数据加总到年度，使用普通的两阶段最小二乘法（Wald 2SLS）估计，也可以使用M2SLS进行估计，即第一阶段用高频数据估计，然后把第一阶段的预测值加总到年度再估计第二阶段的模型。

Fu等（2022）指出，M2SLS相较于Wald 2SLS而言有两个优点：第一，M2SLS第一阶段回归可以通过更严格的固定效应控制年内的共同区域冲击对O_3污染的影响，而Wald 2SLS则可能产生有偏的估计结果。第二，M2SLS第二阶段回归的估计效率要高于Wald 2SLS。在本章的研究中，这一点尤其明显。

图4-4展示了本章的样本中O_3污染的日度和年平均变化曲线，可以发现O_3的日度变异要远远大于年度变异，这就导致了应用Wald 2SLS方法估计时，工具变量可能无法捕捉到足够的变异来识别本章感兴趣的因果效应。例如，O_3污染会体现出显著的季节特征，即在夏季会显著高于其他季节，因而对很多城市而言，只有在夏季O_3污染的浓度才会高到能对婴儿健康造成较大损害，在其他季节则并不明显。如果使用Wald 2SLS，只用年平均值估计，工具变量无法捕捉到这部分变异，导致估计效率下降。

4.4.2 实证模型

基于上述分析，本章的识别策略是使用目标城市每日上风向城市的O_3浓度基于距离和角度的加权平均作为目标城市当日O_3浓度的工具变量，然后使用M2SLS方法估计O_3污染与婴儿死亡率的因果关系。

---

① 本章在表4-3报告了相关稳健性检验的结果。

② Zheng等（2019）认为距离太近的城市可能会因为集聚经济导致经济活动的相关性。

第一阶段回归模型如下：

$$Ozone_{id} = \alpha_0 + \alpha_1 Ozone\_nearby_{id} + \gamma_1 W_{id} + \alpha_d + \tau_{iym} + \varepsilon_{id} \tag{4.1}$$

其中，被解释变量 $Ozone_{id}$ 指目标城市 i 在第 d 天的 O_3 浓度。解释变量 $Ozone\_nearby_{id}$（即工具变量）为目标城市 i 在第 d 天附近 60~300 千米范围内所有上风城市的 O_3 浓度基于距离和风向夹角的加权平均值。具体构造如下：

$$Ozone\_nearby_{id}=\sum_j \max(cos\theta_{idj},\ \cos(\pm 45^\circ))\times Ozone_{jd}/e^{d_{ij}},\ 0.6 \leqslant d_{ij} \leqslant 3 \tag{4.2}$$

其中，$Ozone_{jd}$ 是附近城市 j 第 d 天的 O_3 浓度。θ_{idj} 是考虑了城市 i 和 j 地理位置之后的每日实际风向夹角，用来衡量城市 j 第 d 天是否处于城市 i 的上风向。

在基准模型中，本章定义的上风向城市指的是当天风从附近城市 j 吹往目标城市 i 的风向夹角小于或等于 90 度。d_{ij} 衡量了城市 i 和 j 之间的地理距离，单位为百千米。参考 Zheng 等（2019）的做法用 $1/e^{d_{ij}}$ 作为附近城市污染传输的距离权重。

图 4-5 展示了该工具变量的构造方法。①如图所示，目标城市 A 附近有 B、C、D、E4 个城市，其中只有城市 B、城市 C、城市 D 在 60~300 千米范围以内，因此排除了城市 E。假设某日城市 A 的主导风向为正西风（箭头所示），其中城市 B 和城市 C 到城市 A 的风向夹角 θ_{ab} 和 θ_{ac} 小于 90 度，而城市 D 和城市 A 的风向夹角 θ_{ad} 大于 90 度，因此继续排除了城市 D。城市 B 的 O_3 浓度对城市 A 的影响程度为 $cos\theta_{ab} \times Ozone_b/e^{d_{ab}}$，城市 C 的影响程度则为 $cos\theta_{ac} \times Ozone_c/e^{d_{ac}}$。因此，当天城市 A 的工具变量（附近城市的 O_3 浓度的加权平均值）为上述两个城市的影响之和。

W_{id} 为城市 i 第 d 天的气象条件向量。参照现有文献做法，这些气

① 本章参考 Zheng 等（2019）绘制了图 4-5。

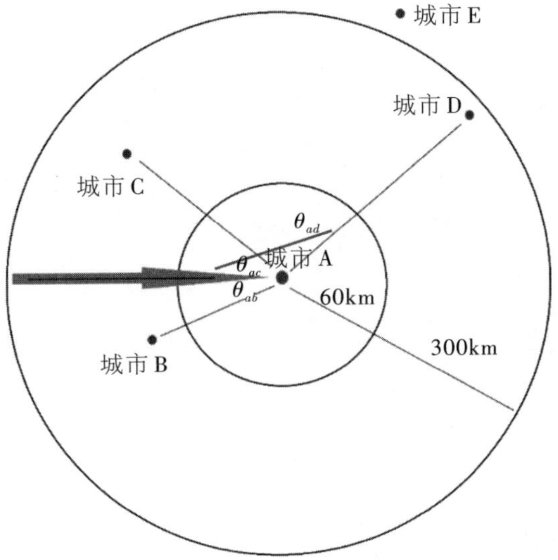

图4-5 工具变量构造图示

象条件包括温度、相对湿度、降雨量和平均风速的线性和二次函数形式（Arceo et al.，2016）。

最后，本章控制了城市-年-月固定效应（τ_{iym}）和日度固定效应（α_d）。控制城市-年-月固定效应意味着同时控制了不随时间变化的城市截面的不可观察因素、不随城市变化的季节性因素或者共同冲击以及同时随城市和月变化的时变因素（例如，样本期内可能有的城市推动了免费婚检或者半强制婚检政策，会显著提高出生婴儿的健康水平）。日固定效应则控制了季节性气象变化对估计结果的影响。

本章使用第一阶段的回归结果，可以计算出城市 i 第 d 天的 O_3 浓度预测值（$\widehat{Ozone}_{id}$）。随后计算它的年平均预测值（$\overline{\widehat{Ozone}}_{iy}$）。则第二阶段回归模型如下：

$$Health_{iy} = \beta_0 + \beta_1 \overline{\widehat{Ozone}}_{iy} + \gamma_2 \overline{W}_{iy} + \alpha_y + \delta_i + \tau_{py} + \varepsilon_{iy} \tag{4.3}$$

其中，$Health_{iy}$ 是城市 i 第 y 年的健康指标，本章用婴儿死亡率

（Imr_{iy}）和5岁以下儿童死亡率（$U5mr_{iy}$）来衡量。$\overline{W}_{iy}$日度气象变量的年平均值，包括温度、相对湿度、降雨量和平均风速的线性和二次函数形式。本模型控制了加总的固定效应，包括城市固定效应（δ_i）、年份固定效应（α_y）和省份-年固定效应（τ_{py}）。本模型还参考陈硕和陈婷（2014）的做法将标准误聚类到省份层面。

4.5 实证结果

4.5.1 基准回归结果

表4-2报告了O_3污染对婴儿死亡率和5岁以下儿童死亡率的回归结果。第（1）列和第（4）列是不考虑内生性问题情况下的OLS估计结果（仅仅控制了气象变量的年均值以及城市固定效应和省份-年固定效应）。本章发现，O_3污染对婴儿死亡率的回归结果统计上不显著，但系数是负的；对5岁以下儿童死亡率的影响也是负的，并且在统计上显著。这意味着O_3污染边际上的提高会降低5岁以下儿童的平均死亡率。

表4-2　　O_3对公共健康的影响（OLS和M2SLS）

	(1)	(2)	(3)	(4)	(5)	(6)
	OLS	M2SLS	M2SLS	OLS	M2SLS	M2SLS
	被解释变量：Imr	被解释变量：O_3	被解释变量：Imr	被解释变量：U5mr	被解释变量：O_3	被解释变量：U5mr
	OLS	第一阶段	第二阶段	OLS	第一阶段	第二阶段
邻近城市O_3浓度		0.320***			0.317***	
		(0.021)			(0.022)	
O_3浓度	-0.006			-0.014**		
	(0.006)			(0.006)		

续表

	(1) OLS	(2) M2SLS	(3) M2SLS	(4) OLS	(5) M2SLS	(6) M2SLS
	被解释变量：Imr	被解释变量：O_3	被解释变量：Imr	被解释变量：U5mr	被解释变量：O_3	被解释变量：U5mr
	OLS	第一阶段	第二阶段	OLS	第一阶段	第二阶段
第一阶段回归 O_3浓度的预测值			0.057**			0.104***
			(0.022)			(0.035)
控制变量	Yes	Yes	Yes	Yes	Yes	Yes
观测值	519	174 291	519	487	165 298	487
R^2	0.949	0.771		0.955	0.772	
K-P F 统计量		171.67			158.88	
城市数量	160	160	160	148	148	148
城市-年-月固定效应		YES			YES	
日固定效应		YES			YES	
城市固定效应	YES		YES	YES		YES
省份-年固定效应	YES		YES	YES		YES

注：*、**和***分别表示10%、5%和1%的显著性水平。下同。第（1）列和第（4）列为OLS回归（City-Year Level），本章控制了年平均气象变量（包括平均温度、风速、降雨量和相对湿度）的一次项和二次项以及城市固定效应和省份-年固定效应。第（2）列和第（5）列为M2SLS第一阶段回归，控制变量包括日度气象变量的一次项和二次项、城市-年-月固定效应和日度固定效应。第（3）列和第（6）列为M2SLS第二阶段回归，本章控制了年平均气象变量的一次项和二次项、省份-年固定效应和城市固定效应。所有回归的标准误均聚类到省份层面。后面的回归如果没有特殊说明，控制变量和聚类标准误均与表4-2相同，故不再赘述。

OLS的回归结果明显违背常识，其主要原因有两点：从截面上看，O_3污染比较严重的城市（通常其他污染也比较严重）通常有较高的人均GDP水平，从而体现为较低的婴儿死亡率；从时间维度看，在样本期内，O_3污染随着时间的推移而上升，但婴儿死亡率则随着时间的推移而下降，二者之间有显著的负相关关系。

图4-6展示了这一结果。正是因为大量不可观测因素的存在导致了OLS估计结果偏离了正确的方向，因此本章面临的最大挑战是尽可能解决内生性问题，提高估计效率。这也是本章选择M2SLS方法的主要原因。

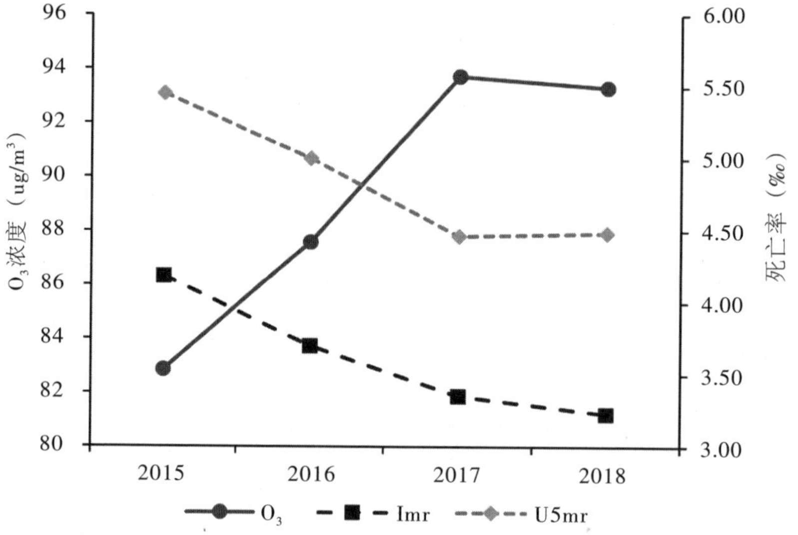

图4-6　160个城市年平均O_3浓度、Imr和U5mr变化趋势

表4-2第（2）~（3）列以及第（5）~（6）列报告了M2SLS的估计结果。

第一阶段的估计结果表明，附近城市的O_3浓度加权平均值每增加1微克/立方米，会导致目标城市的O_3浓度显著上升0.3微克/立方米。同时，用于弱工具变量检验的Kleibergen-Paap Wald rk（K-P）F统计量（Kleibergen and Paap，2006）显著超过了Stock-Yogo临界值16.38（Stock and Yogo，2005），从而拒绝了弱工具变量的原假设。

第二阶段的估计结果表明，O_3污染每提高1微克/立方米，会导致平均婴儿死亡率提高约0.06个千分点以及5岁以下儿童的平均死亡率提高约0.1个千分点。根据2020年第七次全国人口普查的分年龄段数据，可以推算，O_3浓度每提高1微克/立方米会导致全国5岁以下儿童死亡人数增加约9 000人。①

通常，相较于5岁以下儿童，婴儿由于身体和器官发育程度低，会对O_3污染更敏感（Yang et al.，2003；Suwanwaiphatthana et al.，2010），但本章发现，O_3污染对5岁以下儿童死亡率的影响比对婴儿死亡率大得多。这个结果是符合直觉的。因为在同一天的同一时刻，户外的O_3浓度会比室内高很多（Weschler et al.，1989；Nazaroff et al.，2022）。不论外面O_3污染高还是低，不论户外的天气好还是坏，婴儿出现在户外的时间会比5岁以下的儿童要少得多，这意味着婴儿的O_3暴露水平要远低于5岁以下儿童，因此即使婴儿可能对O_3污染更敏感，由于户外暴露时间较少，O_3污染对婴儿健康的影响反而更低。

4.5.2 工具变量的反事实检验与稳健性检验

本章估计的因果效应的准确性主要依赖于工具变量的有效性，因此，本章做了一系列工具变量的稳健性检验，表4-3报告了这一结果。其中，Panel A和Panel B的被解释变量分别为婴儿死亡率和5岁以下儿童死亡率。

① 本章用2020年第七次全国人口普查数据中5~9岁儿童的总人数来代表2015—2018年5岁以下儿童总人数，即90 244 056人。

表4-3 **工具变量的反事实检验与稳健性检验（M2SLS）**

	(1)	(2)	(3)	(4)	(5)	(6)
	基准	反事实	80度风向	100度风向	60~200千米	60~400千米
Panel A：被解释变量Imr						
第一阶段回归 O_3浓度的预测值	0.057**	-0.038	0.04	0.062**	-0.031	0.046*
	(0.022)	(0.039)	(0.024)	(0.022)	(0.035)	(0.024)
控制变量	Yes	Yes	Yes	Yes	Yes	Yes
观测值	519	519	519	519	498	521
K-P F统计量	171.67	250.25	217.58	196.81	207.85	192.5
城市数量	160	160	160	160	160	160
城市固定效应	YES	YES	YES	YES	YES	YES
省份-年固定效应	YES	YES	YES	YES	YES	YES
Panel B：被解释变量U5mr						
第一阶段回归 O_3浓度的预测值	0.104***	-0.051	0.072*	0.113***	-0.002	0.102***
	(0.035)	(0.070)	(0.038)	(0.031)	(0.031)	(0.034)
控制变量	Yes	Yes	Yes	Yes	Yes	Yes
观测值	487	468	468	468	446	470
K-P F统计量	158.88	235.86	204.6	183.54	194.04	176.31
城市数量	148	148	148	148	148	148
城市固定效应	YES	YES	YES	YES	YES	YES
省份-年固定效应	YES	YES	YES	YES	YES	YES

1）工具变量的反事实检验

本章参考Fu等（2022）的做法来构造工具变量的反事实检验。

在基准回归中，本章使用风从附近城市吹往目标城市时附近城市的O_3浓度基于距离和角度的加权值作为目标城市O_3浓度的工具变量，工具变量的相关性基于风把附近城市的O_3吹到了目标城市这一基本事实。因此，本章选择风反向吹的情形，用同样的方法构造虚假的工具变量。如果工具变量是有效的，那么这一虚假工具变量的M2SLS估计结果应该统计上不显著。表4-3第（2）列报告了这个结果，本章发现，Panel A和Panel B的估计系数在统计上都不显著。

2）选取不同风向角度构造工具变量

在基准回归中，本章选取90度风向夹角来定义“上风城市”。实际上，更小的夹角会提高工具变量的有效性，但会损失更多的观测值（Fu et al.，2022）。

本章在这里通过缩小和放大风向夹角的设定来检验工具变量的稳健性。表4-3第（3）列和第（4）列报告了这一结果。

研究发现，当风向夹角缩小到80度时，Panel A和Panel B的系数的显著性快速下降，这个结果与Fu等（2022）是一致的。当风向夹角扩大到100度时，两个模型的估计结果的显著性均有所提高。

3）选取不同城市距离构造工具变量

工具变量构造过程中，选取的附近城市的距离范围越小，附近城市的O_3加权平均值对目标城市的O_3浓度影响就越大，即工具变量越强。但如果距离范围太小，某日目标城市找不到上风向城市的概率就会越大，这样会导致有效观测值减少。

为了保证工具变量的有效性，需要在工具变量的强度和样本量之间进行权衡取舍。在基准回归中，本章参考现有的研究选定了60~300千米以内的城市来构造工具变量（Schlenker and Walker，2016；Zheng et al.，2019）。这一部分，本章尝试选择不同的距离范围构造工具变量以检验估计结果的稳健性。表4-3第（5）列和第（6）列报告了这一结果。研究发现，当设定的距离范围为60~200千米时，Panel A和Panel B的估计结果在统计上均不再显著。当设定距离为60~400千米时，两者的估计结果依然统计上显著，并且系数的大小与基准结果差不多。

4）Wald 2SLS 估计量

本章在基准回归中采取了M2SLS方法估计O_3污染对公共健康的因果效应。

另一种更常见的做法是，将O_3浓度和气象条件这些日度变量加总到年度，然后匹配年度的婴儿死亡率数据，用Wald 2SLS估计该因果效应。

表4-4报告了Wald 2SLS方法的回归结果。

表4-4 **Wald 2SLS估计结果**

	（1）	（2）	（3）	（4）
	第一阶段	第二阶段	第一阶段	第二阶段
	O_3	Imr	O_3	U5mr
邻近城市O_3浓度	0.173		0.138	
	（0.164）		（0.167）	
O_3浓度		0.087		0.195
		（0.099）		（0.219）
控制变量	Yes	Yes	Yes	Yes
观测值	519	519	487	487
城市数量	160	160	160	148
K-P F 统计量	1.11		0.69	
城市固定效应	YES	YES	YES	YES
省份-年固定效应	YES	YES	YES	YES

本章发现，第一阶段回归的系数虽然依然为正，但统计上不再显著。

同时，KP-F统计量远远低于Stock-Yogo临界值（16.38），这意味着有充分的理由不能拒绝弱工具变量的原假设。另外，第二阶段回归的结果也不再显著。研究发现，M2SLS方法确实显著提高了估计效率，这个结果与现有文献是一致的（Dhrymes and Lleras-Muney，2006；Fu et al.，2022）。

4.5.3 与文献中相关研究对比分析

在这一节，本章将选择一些有代表性的文献，将本章的估计结果与它们的估计结果进行比较分析，表4-5展示了这些文献的基本信息。

表4-5 **与文献中相关研究对比**

文献	研究区域与时间范围	O_3 浓度均值	识别策略	影响
本书	中国 2015—2018年	89微克/立方米	M2SLS；风向IV	O_3浓度上升10微克/立方米导致婴儿死亡率和5岁以下儿童死亡率分别提高了0.6个千分点（16%）和1个千分点（20%）；O_3浓度上升1%导致婴儿死亡率和5岁以下儿童死亡率分别提高1.45%和1.81%

续表

文献	研究区域与时间范围	O_3 浓度均值	识别策略	影响
Yin等（2017）	中国 2013—2015年	77微克/立方米	GLS；元分析	O_3浓度上升10微克/立方米与非意外死亡率上升0.24%相关
Chen等（2017）	江苏省 2013—2014年	90微克/立方米	元分析	O_3浓度上升10微克/立方米与非意外死亡率上升0.55%相关
Currie和Neidell（2005）	加利福尼亚州 1989—2000年	40微克/立方米	TWFE	O_3浓度对婴儿死亡率的影响不显著
Arceo等（2016）	墨西哥 1999—2006年	32微克/立方米	2SLS；逆温IV	逆温是O_3浓度的弱IV，未估计其对婴儿死亡率的影响
Alexander和Schwandt（2022）	美国 2008—2015年	31微克/立方米	外生冲击	O_3浓度增加1%会导致婴儿死亡率提高1.3%

为了便于比较，本章将基准结果进行转换，即O_3上升10微克/立方米导致婴儿死亡率和5岁以下儿童死亡率提高了0.6个千分点（16%）和1个千分点（20%）；O_3上升1%导致婴儿死亡率和5岁以下儿童死亡率提高1.45%和1.81%。

与本章的研究最直接相关的是流行病学的研究。①

Yin等（2017）使用中国272个城市2013—2015年的日度数据估计了O_3污染与死亡率的相关性，他们发现O_3上升10微克/立方米与非

① 我们没有找到估计中国O_3与婴儿死亡率的流行病学研究以及经济学研究的文献，所以这里选择了离本研究最近的文献进行比较，即中国O_3污染对死亡率的影响研究。

意外死亡率上升0.24%相关。Chen等（2017）使用江苏省七个城市2013—2014年的日度数据发现O_3上升10微克/立方米与非意外死亡率上升0.55%相关。表4-5还报告了其他国家O_3对婴儿死亡率的经济学研究。Currie和Neidell（2005）使用双向固定效应模型估计了加利福尼亚州1989—2000年O_3对婴儿死亡率的影响，发现该影响统计上不显著。Alexander和Schwandt（2022）使用2008年大众汽车排放造假事件作为外生冲击，发现2008—2015年来O_3污染提高1%会导致婴儿死亡率显著提高1.3%。[①]遗憾的是，上述研究都是发达国家的，我们没有找到发展中国家的经验证据。[②]

所有文献中，Alexander和Schwandt（2022）和本章的估计结果最为接近（他们估计的结果是O_3增加1%会导致婴儿死亡率提高1.3%，本章的结果是1.45%，比他们高0.15%）。

Arceo等（2016）发现逆温强度是O_3的弱工具变量，因而没有报告O_3对婴儿死亡率的工具变量回归结果。本章的估计结果要比上述文献都要大，但这个结果是合理的。我们认为，下述三个原因都会导致本章估计的结果比这些文献的估计结果大。

第一，正如前文所分析的，研究空气污染对公共健康的影响时，内生性问题会导致严重低估真实的因果效应。实际上，本章的基准结果表明（见表4-2），在不考虑内生性问题时，对婴儿死亡率的TWFE的估计系数很小，统计上不显著，对5岁以下儿童死亡率的估计系数甚至是负值。流行病学文献通常只进行相关性分析，所以他们的估计的系数特别小（Yin et al.，2017；Chen et al.，2017）。另外，Currie和Neidell（2005）使用TWFE估计的结果不显著，这与TWFE模型的

① 原文估计的是1 000辆大众汽车中每增加一辆“造假汽车”会导致O_3污染提高1.3%，进而导致婴儿死亡率增加1.7%。为了便于比较，本书做了简单换算。

② 发展中国家的研究中，离本研究最近的一篇文献是Arceo等（2016）。他们使用逆温作为工具变量，使用墨西哥的数据估计空气污染对婴儿死亡率的影响，但他们发现逆温作为O_3的工具变量是弱工具变量，因此没有报告相应估计结果。

估计结果是一致的。

第二，空气污染对死亡率的影响存在非线性效应，这个效应主要和样本的背景浓度相关。空气污染物浓度越高，边际上每增加一单位污染物对健康的影响就会越大。

Alexander和Schwandt（2022）的样本中平均O_3浓度仅仅为31微克/立方米，而本章的样本中平均O_3浓度则高达89微克/立方米，是他们的3倍。因此本章估计的O_3污染对健康的边际效应会比Alexander和Schwandt（2022）估计的大。

4.5.4 经济成本估算

为了估算O_3浓度上升带来的经济成本，本章估算了2015—2018年O_3浓度上升导致的5岁以下儿童死亡的统计生命价值（value of a statistical life，VSL）。[①]Fan等（2020）估计的2015年中国全年龄段人口的VSL为746万元。一般来说，VSL会随着年龄的增加而降低，婴幼儿期的VSL可能是最高的（Aldy and Viscusi，2020），因此，可以认为746万元是5岁以下儿童死亡的VSL的下限。根据本章的估计，O_3浓度每提高1微克/立方米会导致全国5岁以下儿童死亡人数增加约9 000人，这意味着2015年到2018年O_3浓度的增加（从83微克/立方米增加到93微克/立方米）会导致9万名5岁以下儿童的死亡，进而带来了至少6 714亿元的货币损失。

O_3浓度的提高，除了会导致5岁以下儿童死亡带来生命价值的损失，还会产生相应的医疗支出。Kong等（2022）的研究表明，O_3每提高一个标准差（27微克/立方米）会给威海市带来589万元医疗支出（他们指出该估计是下限（lower bound））。

① 儿童VSL的估计值可能反映的是他们父母对他生命的评价，而不是反映儿童自己的评价（Hammitt and Haninger，2010）。

本章参考他们的估计结果计算了O_3污染对全国5岁以下儿童产生的医疗支出。本章发现，在本章的样本期内，O_3污染提高10微克/立方米给全国5岁以下的儿童带来的医疗支出下限是6 880万元。[①]在本章样本期内，O_3污染提高10微克/立方米给全国人群带来的医疗支出下限是17.2亿元。

人们还可以通过AQI播报对O_3污染产生“被动”规避行为（即当O_3污染是当日的主要污染物时，AQI指数代表的污染程度就等价于O_3污染程度，此时人们基于AQI产生的污染规避行为就可以规避O_3污染），这种污染规避行为在降低了O_3污染导致的健康损害的同时，也会产生额外的成本。本章参考陈涵一等（2023）（即本书第7章）的估计结果计算O_3污染的污染规避行为导致的成本。在2018—2019年，O_3作为主要污染物报告的天数占全部天数的31.2%。本章按照样本中O_3污染的比例（72.12×25%×2）折算了2015—2018年O_3污染的规避行为成本，约为36.1亿元。

综合上述三项成本计算，本章得出样本期内O_3浓度上升带来的公共健康损失的货币价值至少为6 767亿元。

4.5.5 异质性分析

O_3污染对公共健康的影响既受到区域O_3污染严重程度的影响，也受到个体户外暴露时长的影响。即区域O_3污染越严重，个体户外暴露时间越长，O_3污染对公共健康的损害就会越大。

由于南方城市在夏季O_3污染最严重的时候温度比较高，该时间

① 具体计算方法如下：本章参考了第七次人口普查数据，首先计算了威海5~9岁人口占全部人口的比例（2020年的5~9岁孩子在本章的样本期内正好是5岁以下儿童），即4.1%，然后利用Kong等（2022）的估计值计算威海市5岁以下儿童的医疗支出，即589×4.1%=24.15（万元）（他们的样本期为2014—2018年，跟本章相似）。随后，本章根据威海市5岁以下儿童占全国5岁以下儿童的比例（0.13%）计算全国儿童的医疗支出，即O_3浓度每提高27微克/立方米给5岁以下儿童带来24.15÷0.13%=1.8576（亿元）医疗支出。最后，由于本章的样本期内O_3浓度提高了10微克/立方米，最终带来的医疗支出是1.8576÷2.7=6 880（万元）。

段个体可能会选择更多地停留在室内，从而降低了O_3污染的暴露时长，这有可能导致南方城市O_3污染对公共健康的负面影响比北方城市更大。为此，本章将样本城市按照北纬30度线划分为南方城市和北方城市（其中南方城市样本的平均气温为30℃，北方为28℃），以检验O_3污染对婴儿死亡率的影响是否在南北方城市存在差异。

表4-6报告了这一结果。第（1）列和第（2）列以及第（4）列和第（5）列的分样本回归结果虽然显示北方子样本的系数几乎是南方的两倍，但是两组的观测值数量差距较大。因此本章在第（3）列和第（6）列加入了O_3浓度与南方虚拟变量的交互项。[①]交互项的系数表明，O_3污染对公共健康的影响在南方和北方之间并不存在显著差异。[②]这意味着因为高温导致的规避行为并没有显著降低O_3对健康的负面效应。

表4-6　**南方城市与北方城市对比（M2SLS）**

	（1）	（2）	（3）	（4）	（5）	（6）
	被解释变量：Imr			被解释变量：U5mr		
	South	North	Full Sample	South	North	Full Sample
O_3浓度的预测值	0.060*	0.147**	0.060**	0.111**	0.198*	0.097**
	（0.031）	（0.053）	（0.023）	（0.045）	（0.095）	（0.038）
O_3浓度的预测值×南方			−0.004			0.011
			（0.012）			（0.022）
控制变量	YES	YES	YES	YES	YES	YES
观测值	309	199	519	304	173	487
K-P F 统计量	96.78	142.76	171.67	88.73	141.31	158.88
城市数量	88	72	160	82	66	148

① 模型里没有控制南方虚拟变量，是因为南方虚拟变量与城市固定效应完全共线。
② 本章同时进行了分组系数差异检验，检验结果（被解释变量为Imr时，分组系数差异检验的P值为0.51，被解释变量为U5mr时，对应P值则为0.45，无法拒绝分组系数无差异的原假设）支持了交互项回归的结论。

续表

	(1)	(2)	(3)	(4)	(5)	(6)
	被解释变量：Imr			被解释变量：U5mr		
	South	North	Full Sample	South	North	Full Sample
城市固定效应	YES	YES	YES	YES	YES	YES
省份-年固定效应	YES	YES	YES	YES	YES	YES

4.5.6 进一步讨论：其他污染物与公共健康

本章使用M2SLS估计了2015—2018年间其他空气污染物对婴儿死亡率和5岁以下儿童死亡率的影响，表4-7报告了这一结果。研究发现，6种主要的污染物对婴儿死亡率和5岁以下儿童死亡率均有正向影响，但只有O_3和NO_2的影响是统计上显著的。本章认为可能的原因有两个：一是由于严格的环境规制政策，这几年这几类污染物的浓度正在大幅度下降；二是随着人们对这些常见污染物暴露的危害的认识加深，人们会产生规避行为，主动避免暴露在高污染的环境中。O_3污染由于其无色无味并高发于天气晴好的午后，人们可能会主动暴露在O_3污染下，进而导致了严重的健康损害。

表4-7　　**其他污染物与公共健康（M2SLS）**

	(1)	(2)	(3)	(4)	(5)	(6)
	解释变量					
	Baseline	PM_{10}	$PM_{2.5}$	SO_2	NO_2	CO
Panel A：被解释变量为Imr						
污染物浓度预测值	0.057**	0.016	0.031	0.122	0.307**	3.482
	(0.022)	(0.018)	(0.027)	(0.121)	(0.130)	(2.836)
控制变量	Yes	Yes	Yes	Yes	Yes	Yes

续表

	(1)	(2)	(3)	(4)	(5)	(6)
	解释变量					
	Baseline	PM_{10}	$PM_{2.5}$	SO_2	NO_2	CO
观测值	519	519	519	519	519	519
K-P F 统计量	171.67	228.13	283.54	68.32	154.63	62.2
城市数量	160	160	160	160	160	160
城市固定效应	YES	YES	YES	YES	YES	YES
省份-年固定效应	YES	YES	YES	YES	YES	YES
Panel B：被解释变量为 U5mr						
污染物浓度预测值	0.104***	0.031	0.062	0.057	0.443***	3.775
	(0.035)	(0.026)	(0.049)	(0.131)	(0.150)	(3.755)
控制变量	Yes	Yes	Yes	Yes	Yes	Yes
观测值	487	487	487	487	487	487
K-P F 统计量	158.88	217.22	260.18	64.6	143.36	60.04
城市数量	148	148	148	148	148	148
城市固定效应	YES	YES	YES	YES	YES	YES
省份-年固定效应	YES	YES	YES	YES	YES	YES

5

空气污染与城市交通：基于北京市的研究

5.1 引言

越来越多市民和科研人员开始关注两类具有负外部性的现象——城市空气污染和交通拥堵。人们普遍认为汽车是造成城市空气污染的主要原因，并且这个问题对不同国家而言都是一致的。

Jiang（2006）发现大约53%的可吸入颗粒物（PM_{10}）是由于机动车的排放和道路粉尘产生的。Cui等（2009）发现北京市空气污染物的62%，包括可吸入颗粒物（PM_{10}）、二氧化硫（SO_2）、一氧化碳（CO）、二氧化氮（NO_2）和臭氧（O_3），也是由于机动车的排放而产生的。

美国环保署2005年公布的《国家排放清单》（National Emission Inventory）显示，在美国，约53.5%的PM_{10}来自道路粉尘和道路车辆排放。越来越多的实证研究开始关注环境污染的潜在负面影响，特别是空气污染对健康的影响。例如，空气污染对心肺疾病发病率的影响（EPA，2004）；空气污染对哮喘和呼吸道感染（Schelenker and Walker，2016）；空气污染对死亡率的影响（Chay and Greenstone，2003；Chen et al.，2011；陈硕和陈婷，2014；He et al.，2020）。然而，鲜少有文献关注空气污染对城市交通运行的负面影响。

本章研究关注的是空气污染对交通表现的负面影响。文献中已经有空气质量警报系统对驾驶效率的研究。例如，Tribby等（2013）发现，空气质量警报系统提高了每天交通拥堵水平。Noonan（2014）发现，老年人和户外锻炼者在收到雾霾警报后会减少户外娱乐活动，但家庭在雾霾警报日并没有减少开车出行。这说明空气污染对交通拥堵有一定的影响。

空气污染往往伴随着能见度降低、可视距离变差，这可能会导致更多的交通违章和更严重的交通事故（Zhang et al.，2013；Sager，2019）。空气质量报告会告知居民每日的空气质量，以便他们在空气质量差的时间避免接触空气，这会导致通勤者增加开车以避免接触室外空气污染（Bresnahan et al.，1999）。空气污染也会改变驾驶员的生理状态（Bates et al.，2001）。例如，在空气污染较重的日子里，司机可能会更加焦虑，这可能会导致不良驾驶行为，进而导致更多的交通事故。

本章提供了空气污染对交通拥堵的经验证据。本章用每日平均空气污染指数（air pollution index，API）衡量每日的空气污染程度。本章用北京交通发展研究院（原“北京交通发展研究中心”）编制的日度平均交通表现指数（traffic performance index，TPI）衡量交通拥堵，它的范围是0到10，数值越大表示交通表现越差，即越拥堵。本章使用北京市2009年10月至2011年4月的日度API数据和TPI数据估计了空气污染对交通拥堵的因果效应。本章发现空气污染会显著降低交通表现等级，即空气质量每降低一个标准差，TPI就会提高约0.08。本章使用工具变量法（用天津市的API和能见度作为北京市的API和能见度的工具变量）解决反向因果问题带来的空气污染和能见度的内生性问题。

为与已有的研究保持一致，本章也在模型中控制了气象条件。已经有许多文献研究了气象条件与交通需求或供给之间的关系。例如，气象条件对交通容量的影响（Cooling et al.，2010）；气象条件对交通需求的影响（Maze et al.，2006）；气象条件对交通通行速度的影响（Liang et al.，1998）；气象条件对交通事故的影响（Yakov and Inden，2010；Zhang et al.，2013；Sager，2019）以及气象条件对个人出行行为的影响（Kilpelainen and Summala，2007；Bocker et al.，2013）。

本章考察的是由于气象条件变化引起的交通容量和需求变化的综合效应，这项研究也丰富了关于气象条件对整体交通表现影响（用TPI衡量）的经验文献。

本章的研究有助于政府部门评估气象变化对交通表现的影响，进而制定恰当的预防措施。

本章研究发现温度对交通拥堵的影响是非单调的。当温度低于某特定水平（约21℃）时，交通拥堵会随着温度的升高而减小，但当温度超过该水平时，交通拥堵会加重。降雨量和能见度对交通拥堵有显著的正向影响。特殊的气象条件，如雪、雷电等对交通拥堵有显著的正向影响。

本章的主要目标是从整体上评估空气污染对北京交通表现的影响。

本章的研究表明，政府应该同时考虑改善空气质量和管制交通。本章的研究也有助于决策者评估当地交通管制策略和空气污染排放控制政策的适宜性。

本章的另外一个目标是考察气象条件对交通表现的总体影响，即天气对交通需求和交通容量的综合影响。

本章的结构如下：5.2节描述了使用的数据集；5.3节讨论了研究设计并给出了主要结果；5.4节进行福利分析；5.5节得出结论。

5.2 数据和变量

本章使用2009年10月至2011年4月的日度数据研究北京市的空气污染对交通拥堵的影响。本章使用的日度数据具体包括以下几个方面：空气质量指数、交通表现指数以及气象条件数据。

5.2.1 解释变量：交通表现指数（TPI）

交通拥堵是指交通需求增加或者交通容量下降所导致的道路网络的交通流量质量的下降。

本章使用北京交通发展研究院（原“北京交通发展研究中心”）编制的日度平均交通表现指数衡量交通拥堵。

TPI的具体数值及含义见表5-1。

表5-1　　北京市的交通表现指数（TPI）

TPI	拥堵水平	交通表现	交通时间
0~2	顺畅	交通自由	可以达到道路限速上限
2~4	基本顺畅	某些路拥堵	自由通过时长的0.3~0.5倍
4~6	轻微拥堵	一部分环路和主干道拥堵	自由通过时长的0.5~0.8倍
6~8	中等程度拥堵	大部分环路和主干道拥堵	自由通过时长的0.8~1倍
8~10	重度拥堵	所有道路都拥堵	自由通过时长的1.1倍以上

注：TPI并不等于车辆速度，因为人们对拥堵的感知判断在不同的道路条件下会有很大不同。例如，20千米/小时的速度在高速公路上会表现为严重的拥堵，而在狭窄的道路上可能会表现为很顺畅。

TPI是道路交通网络状态的整体衡量，它的范围是0到10，其中0表示交通状况最好，10表示交通拥堵最严重，它的值越大说明交通拥堵越严重。

TPI的原始数据来自北京市五环内约3万辆运营出租车的实时监测数据。每一秒钟，每辆出租车上的GPS都会将它的运行信息发送回数据中心，这些信息包括位置、路线和速度。编制TPI时，车辆通行较多的道路会在整个路网的评价中给予较高的权重。再结合拥堵感知判断（这个判断基于大量出行者拥堵感知实地调查数据的聚类分析），便可以将实时数据转换为TPI。TPI的详细计算方法见北京交通大学发展研究院网站（www.bjtrc.org.cn）。样本中，TPI在1.1~9.7之间，平均值为5.8，说明北京市的交通网络运行状况不佳，一部分环路和主干道比较拥堵。

5.2.2 被解释变量

1）空气质量数据

空气质量数据包括北京市每日空气污染指数（API）、主要污染物浓度和空气质量水平的详细信息。本章用生态环境部和北京市生态环境局发布的每日空气污染指数（API）来衡量空气质量。API是度量环境空气质量的整体指标，数值由0至500不等，数值越高，表示空气质量越差。API的计算取决于不同污染物的浓度：包括可吸入颗粒物（PM_{10}）、二氧化氮（NO_2）和二氧化硫（SO_2）。API分别计算上述所有污染物的数值，并报告其中的最大值。样本中，API的范围是12到500，平均值为81。只有当API数值超过50时，它才会报告主要污染物。样本中，空气污染指数超过50的304天中，有302天报告PM_{10}为主要污染物。因此，生态环境部计算API的方法意味着本章研究只需要考虑PM_{10}浓度。

中国官方公布的空气质量数据的可靠性受到个别媒体和研究人员的质疑。他们认为，政府有动机操纵数据以获得更多的“蓝天”日，特别是当API非常接近100时（高于或者低于），因为中国将API低于100的日子定义为“蓝天”日（Chen et al., 2012）。然而，Chen等（2012）的研究表明中国的API数据基本是准确的。他们发现，尽管“蓝天”天数可能受到数据操纵的影响，但报告的API确实包含了空气质量的有用信息，即空气质量在城市维度和时间维度的变异。

2）气象条件数据

研究发现，气象条件是影响交通流量（Cool et al.，2010）、交通事故严重程度（Zhang et al.，2013；Sager，2019）和人们的出行决策（Khattak and De Palma，1997；Maze et al.，2006）的重要因素。

根据已有的文献，本章的模型包含了各种可能影响交通流量的气象变量，这些数据均来自“地面天气”（weather underground）网站。它记录了自1945年以来北京市每天的详细气象情况。

气象条件，如温度、降雨、雾等均可能同时影响空气污染水平和交通拥堵。

降雨可以减少道路交通拥堵，因为出行者可能会推迟或取消出行（Maze et al.，2001），然而，降雨也可能导致人们的主要出行方式从公共交通或骑自行车转变为驾驶机动车辆。此时，降雨会导致道路交通状况不佳，从而导致更多的交通事故，因此需要控制降雨量。

温度和交通拥堵之间的关系可能是非单调的。由于过度的能源消耗，在极热和极冷的时候空气污染都会增加，这导致人们出行时会选择开车以降低暴露在室外空气污染的可能性，进而导致道路更加拥堵。因此需要控制日平均温度和它的平方项。

如果能见度比较低，就会影响司机的视觉范围和生理状态。能见度低是造成道路封闭、车辆损坏和人员伤亡的主要原因。但较低的能见度也与交通活动的减少有关（Hassan and Barker，1999）。

降雨、降雪、大雾、打雷等恶劣天气不仅会降低道路通行能力，还会降低行驶速度，因此需要控制这些恶劣天气的虚拟变量。湿度会与污染物相互作用产生二次污染，导致能见度更低，增加了车辆出行需求，从而引发更多交通事故，因此需要控制湿度。

3）时间效应变量

本章的模型还应该控制时间效应。Ding等（2012）研究了京津塘高速公路交通事故伤亡时间的分布。Ding等指出，4—6月和10月是交通事故的两个高峰。所以本章使用11个月度虚拟变量和2个年度虚拟变量的交互项来控制年-月时间固定效应。

Cool等（2010）发现一周内特定天的效应对日度交通强度的差异有很大影响。为了更准确地控制一周内特定天的效应，本章不使用周末虚拟变量，而是使用限行约束和限行约束时间的虚拟变量来控制。

北京市政府实施了一个交通限行政策，在样本期内，在工作日早上7点到晚上8点之间，在五环内（包括五环）基于车牌尾号限制车辆行驶。每个工作日限制10个车牌号码中的2个，组合是（0，5），（1，6），（2，7），（3，8），（4，9）。自2009年4月11日起，这些组合每13周轮换一次。

表5-2报告了主要变量的描述性统计结果。TPI的均值为5.77，意味着2009—2011年北京市的拥堵情况较为严重，长期处于轻微拥堵接近中度拥堵的状态。AIP均值为85.29。

表5-2　　**主要变量描述性统计**

变量	观测值	均值	标准差	最小值	最大值
TPI	371	5.77	1.3	1.1	9.7
API	371	85.29	49.9	12	500
平均温度	371	8.79	11.44	-14	32
能见度	371	14.35	9.61	1.4	30
降雨量	371	0.76	3.83	0	40
平均湿度	371	49.78	19.92	11	92
恶劣天气	371	0.22	0.41	0	1
PM_{10}浓度	297	141.61	81.6	52	600

注：PM_{10}的观测值比API略少一些，是因为某些天官方没有报道。

5.3 识别策略和实证结果

5.3.1 日度API结果

由于本章使用的是时间序列数据，因此需要对时间序列数据进行单位根检验以确定该时间序列是否平稳，进而确定合适的建模方法和估计方法。①

表5-3报告了ADF检验的结果。结果表明，被解释变量和解释变量都是平稳的时间序列，因此本章采用经典的线性回归模型估计空气污染对交通拥堵的影响。

表5-3 **解释变量和被解释变量的单位根检验**

变量	TPI	API	平均温度	能见度
T-value	-8.54	-9.76	-2.06	-10.62
P-value	0.00	0.00	0.04	0.00
变量	降雨量	平均湿度	恶劣天气	PM_{10}
T-value	-18.47	-7.94	-15.16	-8.80
P-value	0.00	0.00	0.00	0.00

基准模型如下：

$$\text{Log}\left(TPI_t\right) = \alpha + \beta_1 API_t + \beta_2 X_t + \sum_{k=1}^{K} \beta_{3k} Z_{tk} + \varepsilon_t \tag{5.1}$$

API_t指北京市第t天的日平均API。X_t是气象条件变量，包括平均温度、降雨量、能见度、平均相对湿度以及用于描述特殊天气如雾、雪、雷的虚拟变量。Z_{tk}包括车牌尾号限行的虚拟变量以及限行时间

① 现有文献指出，如果使用线性回归模型对不平稳的时间序列进行OLS估计，可能会导致伪回归问题。

的虚拟变量（用来控制一周内特定天的效应）和年–月虚拟变量（用来控制季节效应）。

表5–4第（1）列的模型估计了在不控制能见度的情况下，气象条件对交通拥堵的影响。结果表明，空气污染对交通拥堵有显著的正向影响。

由于能见度与空气污染呈负相关关系，本章的估计可能低估了空气污染的实际影响。

第（1）列的结果还表明，温度对交通拥堵的影响是非单调的：当温度低于一定水平（约21℃）时，交通拥堵随着温度的升高而减轻，但当温度超过一定水平时，交通拥堵会加重。降雨量对交通拥堵有显著的正向影响。

特殊的气象条件，如雾、雪、雷电等对交通拥堵也有显著的正向影响。

限制车牌号为4和9的日子，交通表现最差，这可能部分反映了人们对车牌号的偏好（Chen et al.，2017；Gu et al.，2017）。

表5–4的第（2）至第（4）列报告了考虑能见度后空气污染对交通拥堵的影响。

具体地，第（1）列和第（2）列不控制时间趋势，第（3）列控制了线性时间趋势，第（4）列控制了二次时间趋势。模型拟合的贝叶斯信息准则（BIC）表明，无时间趋势的模型拟合度最好，因此本章将无时间趋势的结果作为基准模型报告。

表5–4的第（3）列报告了空气污染对交通拥堵的影响的基准结果，即使在控制了一系列气象条件变量后，API依然会显著影响交通拥堵。空气质量指数每增加1，会导致TPI增加0.06%。由于空气质量指数的标准差为49.9，因此该结果意味着空气质量指数每增加1个标准差，会导致TPI增加约2.99%（0.06%×49.9），或者0.173（即TPI的均值5.77乘以2.99%）。

表5-4　**API对交通拥堵的影响：OLS结果**

	(1)	(2)	(3)	(4)
	Log (TPI)			
	No Trend		Linear Trend	Quadratic Trend
API	0.0004**	0.0006***	0.0006**	0.0006**
	(0.0002)	(0.0002)	(0.0002)	(0.0002)
能见度		0.0034**	0.0035**	0.0035**
		(0.0016)	(0.0016)	(0.0016)
温度	−0.0094**	−0.0082*	−0.0081*	−0.0081*
	(0.0043)	(0.0043)	(0.0044)	(0.0047)
温度的平方	0.0002	0.0002	0.0002	0.0002
	(0.0001)	(0.0001)	(0.0001)	(0.0002)
降雨量	0.0039**	0.0038**	0.0038**	0.0038**
	(0.0017)	(0.0018)	(0.0017)	(0.0017)
湿度	−0.0011	0.0002	0.0003	0.0003
	(0.0007)	(0.0009)	(0.0009)	(0.0010)
恶劣天气	0.0059	0.0069	0.0073	0.0073
	(0.0264)	(0.0264)	(0.0261)	(0.0266)
限行尾号（2，7）	0.0642**	0.0667**	0.0682**	0.0682**
	(0.0276)	(0.0276)	(0.0278)	(0.0278)
限行尾号（3，8）	−0.0165	−0.0169	−0.0166	−0.0166
	(0.0302)	(0.0302)	(0.0304)	(0.0305)
限行尾号（4，9）	0.2016***	0.1987***	0.1995***	0.1995***
	(0.0275)	(0.0275)	(0.0271)	(0.0269)
限行尾号（0，5）	0.0197	0.0192	0.0197	0.0197
	(0.0261)	(0.0263)	(0.0263)	(0.0263)
N	371	371	371	371
R^2	0.642	0.645	0.646	0.646
BIC	−132.1067	−129.4662	−124.3914	−118.4752

注：*、**和***分别表示10%、5%和1%的显著性水平。所有回归的因变量均为TPI的自然对数。第（1）列和第（2）列不控制时间趋势，第（3）列控制了线性时间趋势，第（4）列控制了二次时间趋势。BIC是模型拟合的贝叶斯信息准则。

OLS估计可能存在潜在的内生性问题。许多研究表明，汽车尾气排放是空气污染最重要的来源之一，它能同时导致空气质量和能见度下降。因此，API和能见度在模型（2）中可能是内生的，这会导致OLS的估计结果不再是一致的。

另外，本章的模型还遗漏了其他的解释变量。例如，北京地铁和公共交通政策影响出行选择和拥堵（Gu et al.，2021）；汽车牌照抽签等影响驾照的获取；共享单车和汽车的普及等都会影响人们的出行选择，进而影响交通拥堵。

本章考虑用工具变量法解决潜在的内生性问题。具体而言，北京的空气质量受风的影响很大，风会把附近区域的空气污染物吹到北京，从而影响北京的空气质量。因此，本章收集了北京附近城市的API和能见度数据，并将这些数据作为北京API和能见度的工具变量。具体的，本章选择风从附近城市吹往北京的时候附近城市的API和能见度作为北京API和能见度的工具变量（如果当天有多个城市的风都吹往北京，就选择离北京最近的那个城市）。附近城市的空气质量可以影响北京的空气质量，但对于北京五环内道路的交通拥堵则是外生的，它只能通过影响北京的空气质量来影响北京五环内道路的交通拥堵。

表5-5报告了两阶段最小二乘法估计的结果。第（1）列和第（2）列报告了附近城市的API和能见度的第一阶段回归结果，它表明附近城市的API和能见度是北京API和能见度很好的工具变量。第（3）列到第（5）列是第二阶段回归的结果。可以看到，空气污染和交通拥堵之间的关系仍然显著为正。本章将第（4）列的结果报告为基准结果，即API每上升一个单位会导致TPI增加0.1%。标准化后的结果表明，API每上升1个标准差，会导致TPI增加5%（即API标准差49.9乘以0.1%），或者0.29（即TPI的均值5.77乘以5%）。总而言之，本章的估计表明空气污染对交通表现的影响非常重要，空气质量差的日子更有可能出现道路的交通拥堵。

表5-5　　**API对交通拥堵的影响：2SLS结果**

	(1)	(2)	(3)	(4)	(5)
	API	能见度	Log（TPI）	Log（TPI）	Log（TPI）
	第一阶段		第二阶段		
		No Trend		Linear Trend	Quadratic Trend
API		−0.040***	0.001**	0.001**	0.001**
		(0.007)	(0.001)	(0.001)	(0.001)
邻近城市API	0.982***				
	(0.164)				
邻近城市能见度		0.748***			
		(0.164)			
能见度	−2.195***		0.015**	0.015**	0.017**
	(0.486)		(0.007)	(0.007)	(0.007)
温度	−0.151	−0.275***	−0.004	−0.004	−0.003
	(1.540)	(0.098)	(0.006)	(0.006)	(0.006)
温度的平方	−0.023	0.000	0.000	0.000	0.000
	(0.029)	(0.004)	(0.000)	(0.000)	(0.000)
降雨量	−0.416	0.027	0.003*	0.003*	0.003*
	(0.403)	(0.046)	(0.002)	(0.002)	(0.002)
湿度	−0.122	−0.320***	0.004	0.004*	0.005**
	(0.345)	(0.022)	(0.003)	(0.003)	(0.002)
恶劣天气	−12.175**	−0.549	0.012	0.013	0.009
	(5.002)	(0.635)	(0.028)	(0.027)	(0.037)
限行尾号（2，7）			0.078**	0.079**	0.082
			(0.031)	(0.031)	(0.068)
限行尾号（3，8）			−0.024	−0.024	−0.024
			(0.033)	(0.033)	(0.046)
限行尾号（4，9）			0.187***	0.187***	0.183**
			(0.030)	(0.029)	(0.071)
限行尾号（0，5）			0.023	0.023	0.022
			(0.028)	(0.028)	(0.042)
N	374	344	340	340	340
R^2	0.626	0.776	0.597	0.598	0.582
Endogeneity test			1.46（0.23）	1.45（0.24）	1.42（0.24）

注：*、**和***分别表示10%、5%和1%的显著性水平。第（1）列至第（3）列不控制时间趋势，第（4）列控制了线性时间趋势，第（5）列控制了二次时间趋势。

API的范围是0~500，数值越大表示污染物浓度越高，对人的健康的有害影响也就越大，因此可分为六个级别，如表5-6所示。

表5-6 **API排位**

API	空气质量等级	空气质量条件	受到损害的人群
0~50	I	优秀	无
51~100	II	良好	少数对某些污染物特别敏感的人
101~150	III（1）	轻度污染	对污染物敏感的人群
151~200	III（2）	中度污染	几乎所有人健康都会受到影响，尤其是对污染物敏感的人群
201~300	IV	中重度污染	每个人的健康都受到严重影响
300以上	V	重度污染	每个人的健康都受到特别严重的影响

注：API排位信息来自中国生态环境部官方网站（https：//www.mee.gov.cn/）。

API在0~50之间，表示空气质量良好，对健康没有影响；API在100以上，表示空气污染严重，每个人的健康都会受到严重影响。

因此，这里用API的排名来代替平均API，估计空气污染对交通拥堵的影响。首先，选择0~50的API作为对照组。

表5-7第（1）列至第（3）列的结果表明，空气污染越严重，空气污染对交通表现的负面影响就越大。然后，选择“蓝天日”作为对照组。

在中国，API≤100的日子被定义为“蓝天日”。表5-7的第（4）列到第（6）列的结果与前面的模型是一致的。空气污染越严重，交通拥堵就越严重。

5.3.2 日度PM_{10}浓度结果

空气污染指数（API）是一种仅在中国使用的指标，因此很难将本章估计的结果与其他国家的研究结果进行比较。

表 5-7 **API排位对交通拥堵的影响**

	(1)	(2)	(3)	(4)	(5)	(6)
	Log (TPI)					
	No Trend	Linear Trend	Quadratic Trend	No Trend	Linear Trend	Quadratic Trend
50<API≤100	0.024	0.023	0.023			
	(0.033)	(0.034)	(0.034)			
100<API≤150	0.068*	0.066	0.067			
	(0.040)	(0.042)	(0.043)			
150<API≤200	0.081*	0.078	0.078			
	(0.049)	(0.050)	(0.051)			
200<API≤300	0.203*	0.196*	0.197*			
	(0.106)	(0.107)	(0.107)			
100<API≤200				0.047**	0.046**	0.046**
				(0.022)	(0.022)	(0.022)
200<API≤300				0.178*	0.172*	0.172*
				(0.102)	(0.101)	(0.101)

续表

	（1）	（2）	（3）	（4）	（5）	（6）
	Log（TPI）					
	No Trend	Linear Trend	Quadratic Trend	No Trend	Linear Trend	Quadratic Trend
API > 300	0.221**	0.215**	0.215**	0.198**	0.192**	0.192**
	（0.088）	（0.090）	（0.091）	（0.082）	（0.082）	（0.083）
能见度	0.003*	0.003**	0.003**	0.003*	0.003*	0.003*
	（0.002）	（0.002）	（0.002）	（0.002）	（0.002）	（0.002）
温度	−0.008*	−0.008*	−0.008*	−0.008*	−0.008*	−0.008
	（0.005）	（0.005）	（0.005）	（0.004）	（0.004）	（0.005）
温度的平方	0.000	0.000	0.000	0.000	0.000	0.000
	（0.000）	（0.000）	（0.000）	（0.000）	（0.000）	（0.000）
降雨量	0.004**	0.004**	0.004**	0.004**	0.004**	0.004**
	（0.002）	（0.002）	（0.002）	（0.002）	（0.002）	（0.002）
湿度	0.000	0.000	0.000	0.000	0.000	0.000
	（0.001）	（0.001）	（0.001）	（0.001）	（0.001）	（0.001）

续表

	(1)	(2)	(3)	(4)	(5)	(6)
	Log (TPI)					
	No Trend	Linear Trend	Quadratic Trend	No Trend	Linear Trend	Quadratic Trend
恶劣天气	0.009	0.009	0.009	0.006	0.007	0.007
	(0.026)	(0.026)	(0.026)	(0.025)	(0.025)	(0.026)
限行尾号（2，7）	0.066**	0.068**	0.068**	0.067**	0.069**	0.069**
	(0.027)	(0.028)	(0.028)	(0.028)	(0.028)	(0.028)
限行尾号（3，8）	−0.019	−0.019	−0.019	−0.019	−0.019	−0.019
	(0.030)	(0.031)	(0.031)	(0.031)	(0.031)	(0.031)
限行尾号（4，9）	0.198***	0.199***	0.199***	0.197***	0.198***	0.198***
	(0.028)	(0.028)	(0.027)	(0.028)	(0.027)	(0.027)
限行尾号（0，5）	0.019	0.020	0.020	0.018	0.018	0.018
	(0.026)	(0.026)	(0.026)	(0.026)	(0.026)	(0.026)
N	371	371	371	371	371	371
R^2	0.650	0.650	0.650	0.649	0.649	0.649

注：*、**和***分别表示10%、5%和1%的显著性水平。第（1）列和第（4）列不控制时间趋势，第（2）列和第（5）列控制了线性时间趋势，第（3）列和第（6）列控制了二次时间趋势。

为了解决这个问题，根据API的构建方法，可以用API估计PM_{10}浓度。表5-8报告了具体的换算公式。

表5-8　　**API和PM_{10}浓度转换公式**

API	PM_{10}浓度	转换公式
0~50	0~50	PM_{10}浓度=API
50~200	50~350	PM_{10}浓度=2API-50
200~300	350~420	PM_{10}浓度=0.7API+210
300~400	420~500	PM_{10}浓度=0.8API+180
400~500	500~600	PM_{10}浓度=API+100

转换公式参考Andrews（2008）

表5-9报告了PM_{10}对交通拥堵的影响的估计结果。本章的样本共368天，其中有297天PM_{10}是主要的污染物。剩下的71天里，有3天API高于50但是主要污染物不是PM_{10}，还有68天API低于50因此主要污染物没有报告。第（1）列至第（4）列报告了OLS估计的结果。第（1）列没有控制能见度，第（2）列至第（4）列均控制了能见度。另外，第（2）列没有控制时间趋势，第（3）列控制了线性时间趋势，第（4）列则控制了二次时间趋势。模型拟合的贝叶斯信息准则表明，没有时间趋势的模型即模型2拟合度最好。

与表5-4报告的API对交通拥堵影响的基准结果相比，本章发现PM_{10}浓度对交通拥堵的影响较小，但仍然显著为正。

机动车尾气排放是PM_{10}的重要来源之一，同时它会导致较低的能见度。所以OLS模型中PM_{10}和能见度是内生的。

表5-9第（4）列至第（6）列报告了两阶段最小二乘法第二阶段的估计结果，本章使用附近城市的PM_{10}浓度和能见度作为北京PM_{10}浓度和能见度的工具变量。第（4）列至第（6）列工具变量估计的系数依然显著为正。本章选择第（6）列的结果作为基准结果，即PM_{10}浓度每增加一个单位，会导致TPI增加0.07%，标准化后，即PM_{10}浓度每增加一个标准差会导致TPI增加5.7%，或者说0.329。表5-9的结果表明，PM_{10}浓度的增加也会显著提高交通拥堵程度。

表 5-9 PM_{10}对交通拥堵的影响：OLS和2SLS结果

	(1)	(2)	(3)	(4)	(5)	(6)	(7)
	Log（TPI）						
	OLS			2SLS			
	No Trend	Linear Trend	Quadratic Trend	No Trend	Linear Trend	Quadratic Trend	
PM_{10}	0.0003^{**}	0.0004^{**}	0.0003^{**}	0.0003^{**}	0.0007^{**}	0.0007^{*}	0.0007^{**}
	(0.0001)	(0.0002)	(0.0001)	(0.0001)	(0.0004)	(0.0004)	(0.0003)
能见度		0.0029	0.0029	0.0029	0.0161^{**}	0.0160^{**}	0.0157^{**}
		(0.0017)	(0.0017)	(0.0018)	(0.0081)	(0.0080)	(0.0079)
温度	-0.0083^{*}	-0.0076^{*}	-0.0074	-0.0076	-0.0001	0.0018	0.0024
	(0.0044)	(0.0045)	(0.0046)	(0.0049)	(0.0065)	(0.0069)	(0.0067)
温度的平方	0.0002	0.0002	0.0002	0.0002	0.0001	0.0000	0.0000
	(0.0001)	(0.0001)	(0.0002)	(0.0002)	(0.0002)	(0.0002)	(0.0002)
降雨量	0.0036^{**}	0.0035^{**}	0.0036^{**}	0.0036^{**}	0.0031	0.0032^{*}	0.0032^{*}
	(0.0017)	(0.0017)	(0.0015)	(0.0015)	(0.0019)	(0.0017)	(0.0017)

续表

	(1)	(2)	(3)	(4)	(5)	(6)	(7)
	Log（TPI）						
	OLS			2SLS			
	No Trend	Linear Trend	Quadratic Trend	No Trend	Linear Trend	Quadratic Trend	
湿度	−0.0018**	−0.0008	−0.0007	−0.0007	0.0041	0.0041	0.0039
	(0.0009)	(0.0009)	(0.0009)	(0.0009)	(0.0027)	(0.0027)	(0.0026)
恶劣天气	0.0149	0.0155	0.0179	0.0178	0.0124	0.0123	0.0135
	(0.0293)	(0.0292)	(0.0282)	(0.0284)	(0.0347)	(0.0341)	(0.0348)
限行尾号	0.0529*	0.0552*	0.0587**	0.0585**	0.0710**	0.0746***	0.0729***
(2，7)	(0.0282)	(0.0282)	(0.0286)	(0.0286)	(0.0275)	(0.0272)	(0.0272)
限行尾号	−0.0260	−0.0256	−0.0267	−0.0268	−0.0581**	−0.0616**	−0.0614**
(3，8)	(0.0245)	(0.0245)	(0.0247)	(0.0248)	(0.0294)	(0.0292)	(0.0288)
限行尾号	0.1755***	0.1744***	0.1740***	0.1741***	0.1672***	0.1653***	0.1660***
(4，9)	(0.0309)	(0.0307)	(0.0307)	(0.0305)	(0.0291)	(0.0289)	(0.0286)

续表

	(1)	(2)	(3)	(4)	(5)	(6)	(7)
	Log（TPI）						
	OLS				2SLS		
	No Trend	Linear Trend	Quadratic Trend	No Trend	Linear Trend	Quadratic Trend	
限行尾号	0.0056	0.0068	0.0053	0.0051	−0.0065	−0.0105	−0.0100
（0，5）	（0.0276）	（0.0278）	（0.0279）	（0.0282）	（0.0357）	（0.0360）	（0.0359）
N	297	297	297	297	226	226	226
R^2	0.653	0.655	0.658	0.658	0.648	0.657	0.661

注：*、**和***分别表示10%、5%和1%的显著性水平。第（1）列和第（4）列不控制时间趋势，第（2）列和第（5）列控制了线性时间趋势，第（3）列和第（6）列控制了二次时间趋势。

5.3.3 高峰期空气污染对交通拥堵的影响

本章利用早高峰和晚高峰时段的TPI进行进一步分析。早高峰的TPI与晚高峰的TPI可能高度相关，因为人们总是在这两个时间段往返于家和工作地点的通勤的路上。因此，本章使用似不相关回归（SUR）模型估计高峰期空气污染对交通拥堵的影响。具体模型设置如下：

$$\mathrm{Log}\left(MorTPI_t\right) = \alpha + \beta_1 API_t + \beta_2 X_t + \sum_{k=1}^{K} \beta_{3k} Z_{tk} + \varepsilon_{t1} \tag{5.2}$$

$$\mathrm{Log}\left(NiTPI_t\right) = \alpha + \beta_1 API_t + \beta_2 X_t + \sum_{k=1}^{K} \beta_{3k} Z_{tk} + \varepsilon_{t2} \tag{5.3}$$

其中，API_t指北京第t天的日平均API。X_t是气象条件变量，包括平均温度、降雨量、能见度、平均相对湿度以及用于描述特殊天气如雾、雪、雷电的虚拟变量。Z_{tk}包括车牌尾号限行的虚拟变量以及限行时间的虚拟变量（用来控制一周内特定天的效应）和年-月虚拟变量（用来控制季节效应）。表5-10报告了SUR模型的回归结果。其中，模型（1）没有控制时间趋势，模型（2）和模型（3）分别控制了线性时间趋势和二次时间趋势。模型拟合的贝叶斯信息准则表明无时间趋势的模型，即模型1估计效果最好。模型（1）的结果表明，空气污染显著提高了高峰期的交通拥堵程度。

表5-10　　高峰期API对交通拥堵的影响

	(1)		(2)		(3)	
	No Trend		Linear Trend		Quadratic Trend	
	MorTPI	NiTPI	MorTPI	NiTPI	MorTPI	NiTPI
API	0.0007**	0.0005*	0.0007**	0.0005	0.0007**	0.0005
	(0.0003)	(0.0003)	(0.0003)	(0.0003)	(0.0003)	(0.0003)
能见度	0.0062**	0.0006	0.0062**	0.0008	0.0062**	0.0008
	(0.0024)	(0.0024)	(0.0024)	(0.0024)	(0.0024)	(0.0024)

续表

	(1)		(2)		(3)	
	No Trend		Linear Trend		Quadratic Trend	
	MorTPI	NiTPI	MorTPI	NiTPI	MorTPI	NiTPI
温度	-0.0087*	-0.0076*	-0.0087*	-0.0074*	-0.0093**	-0.0073
	(0.0045)	(0.0045)	(0.0045)	(0.0045)	(0.0046)	(0.0046)
温度的平方	0.0005***	0.0000	0.0005***	0.0000	0.0005***	0.0000
	(0.0002)	(0.0002)	(0.0002)	(0.0002)	(0.0002)	(0.0002)
降雨量	0.0048	0.0025	0.0048	0.0026	0.0048	0.0026
	(0.0032)	(0.0032)	(0.0032)	(0.0032)	(0.0032)	(0.0032)
湿度	0.0019	-0.0015	0.0019	-0.0014	0.0020	-0.0014
	(0.0013)	(0.0013)	(0.0013)	(0.0013)	(0.0013)	(0.0013)
恶劣天气	0.0525	-0.0455	0.0527	-0.0446	0.0516	-0.0443
	(0.0350)	(0.0346)	(0.0350)	(0.0345)	(0.0350)	(0.0346)
限行尾号（2，7）	0.0290	0.0964***	0.0297	0.0995***	0.0290	0.0996***
	(0.0345)	(0.0341)	(0.0346)	(0.0341)	(0.0346)	(0.0341)
限行尾号（3，8）	-0.0082	-0.0053	-0.0080	-0.0045	-0.0078	-0.0045
	(0.0342)	(0.0338)	(0.0342)	(0.0337)	(0.0342)	(0.0337)
限行尾号（4，9）	0.1892***	0.2220***	0.1895***	0.2236***	0.1899***	0.2235***
	(0.0342)	(0.0338)	(0.0342)	(0.0338)	(0.0342)	(0.0338)
限行尾号（0，5）	-0.0197	0.0649*	-0.0195	0.0659**	-0.0196	0.0659**
	(0.0339)	(0.0335)	(0.0339)	(0.0334)	(0.0339)	(0.0334)
N	370		370		370	
R^2	0.615		0.615		0.616	
BIC	117.562		127.4382		138.6847	

注：MorTPI表示早高峰期间的TPI，NiTPI表示晚高峰期间的TPI。模型（1）没有控制时间趋势，模型（2）控制了线性时间趋势，模型（3）控制了二次时间趋势。

5.3.4 福利分析

本章使用上面的估计结果来量化空气污染造成的交通拥堵的部分成本。交通拥堵在经济上是低效率的，是因为交通拥堵会带来外部性成本，包括时间延误、空气污染物排放、额外油耗、车辆维修等方面的成本（Bickel et al.，2006；Delucchi and McCubbin，2010；Delucchi，2000；Lemp and Kockelman，2008；Maibach et al.，2007；Mayeres et al.，1996；Ozbay et al.，2007；Parry et al.，2007；Santos et al.，2010）。交通拥堵的总成本很高，在北京市估计约85亿美元（580亿元人民币），而时间延迟成本是最主要和最直接的成本（Miao et al.，2012）。

本章估计的API的系数为0.01，2010年北京市工作日的交通表现指数（TPI）年平均值为6.14（中度拥堵）。如果API下降100，TPI将下降1至5.14。这意味着交通表现将从中度拥堵转向轻度拥堵，公路干线的平均出行速度将从24.3千米/小时增加到27.7千米/小时。

表5-11报告了这一结果。

表5-11　　根据拥堵等级计算的平均通行速度

Traffic Congestion Index（TPI）	0~2	2~4	4~6	6~8	8~10
高速公路	>65	（50，65]	（35，50]	（20，35]	≤20
主干路	>45	（35，45]	（25，35]	（15，25]	≤15
次干路	>35	（25，35]	（15，25]	（10，15]	≤10
支路	>35	（25，35]	（15，25]	（10，15]	≤10

根据上面的计算，API每增加一个标准差，TPI就会增加0.28。

这表明，通常的出行时间将延长0.041倍。根据《2010年北京市交通发展年报》的数据，2010年北京市机动车总数量为480.9万辆，本章假设机动车数量按车牌号平均分布，同时假设出行的时间成本等于平均工资水平。北京市2010年的平均小时工资为26元人民币，这意味着平均每天的时间成本为108万元。

6

空气污染与城市交通：基于中国地级市面板数据的研究

6.1 引言

本章是上一章工作的后续，使用高德地图提供的2015—2018年[①]中国城市拥堵延时指数（congestion delay index of gaud map，CDI）数据为空气污染和城市交通拥堵的因果效应分析（尤其是城市层面的异质性分析）提供更一般的证据。

本章与上一章的不同之处有两点：

第一，研究一个拥堵程度较高、有代表性的大都市的样本（例如，北京市）可能更具有政策意义，但这并不意味着其他拥堵程度不是很高的城市没有研究价值。

本章使用中国78个城市的数据研究空气污染对交通拥堵的影响，试图提供空气污染对中国整体交通拥堵的影响的证据，同时提供城市层面的异质性分析结果。

第二，上一章使用了北京交通发展研究院（原“北京交通发展研究中心”）编制的日度平均交通表现指数（traffic performance index，TPI）衡量交通拥堵。该指标从多个维度考虑交通拥堵情况，更为科学和准确，但遗憾的是，本章只获取了2009年10月至2011年4月的数据。

已有文献指出，中国自2013年起建立了全国范围内的、大规模的污染播报制度（Barwick et al.，2018），污染信息披露的改变可能会影响人们的污染规避行为，进而导致空气污染对交通拥堵的效应发生变化。例如，在短期，人们可能通过减少户外活动（Zivin and Neidell，2009；Noonan，2014；Ward et al.，2015；Saberian et al.，

---

① 高德地图发布的CDI数据是从2015年10月1日开始的。

2017）来减少暴露在空气污染中的机会。如果外出，则更可能选择驾车出行的方式以避免暴露在污染的空气中。这两个效应会相互抵消，因而最终空气污染对交通拥堵的影响是不确定的。本章使用2013年以后的数据研究空气污染对交通拥堵的影响，也是对前一章讨论的结果和机制的补充。

本章研究结果表明，从中国整体上看，在2015—2018年，空气污染对交通拥堵的平均影响是负向的，即空气污染加剧时，交通表现会更好，这个结论与上一章使用北京市数据进行的研究结论刚好相反。另外，异质性分析表明，空气污染对交通拥堵的影响在每个城市都不一样。

本章使用北京市2015—2018年的数据做了稳健性检验，分析表明，在样本期内，空气污染对北京交通拥堵的影响不显著。这说明在新的样本期内，空气污染对交通拥堵的正负效应相互抵消。

本章内容安排如下：6.2节介绍了数据来源和主要变量；6.3节为识别策略和主要实证结果；6.4节为是结论。

6.2 数据和变量

6.2.1 被解释变量：交通延时指数（CDI）

本章使用高德地图提供的城市交通拥堵延时指数（congestion delay index，CDI）来衡量城市交通拥堵情况。该指数的计算方法为：CDI=实际道路通行时间÷自由状态下道路通行时间。因此CDI的最小值为1，它表示在没有拥堵的情况下，车辆实际通行时间与道路自由状况下的通行时间相同。CDI越大，表示拥堵情况越严重。表6-1报告了CDI的描述性统计，可以看到，样本中全部城市的CDI最小值为1，最大值为4.76，均值为1.65。

表6-1 关键变量的描述性统计

变量	观测值	均值	标准差	最小值	最大值
CDI	74 083	1.65	0.218	1	4.76
AQI	74 077	86.28	49.56	13	500
PM_{10}浓度	74 017	85.86	63.60	6	1 520
温度	74 083	16.28	10.65	−29.39	36.11
能见度	72 433	7.876	4.761	0	18.6
风速	73 824	5.403	3.033	0	34.7
降雨量	70 782	0.142	0.456	0	12.27
雾	74 083	0.0912	0.288	0	1
雨	74 083	0.294	0.456	0	1
雪	74 083	0.0166	0.128	0	1
节假日哑变量	74 083	0.0884	0.284	0	1
周末哑变量	74 083	0.27	0.444	0	1

6.2.2 解释变量

1）空气质量数据集

空气质量数据包括全国各城市每日空气质量指数（AQI）、主要污染物浓度和空气质量水平的详细信息。

本章用生态环境部发布的每日空气质量指数来衡量空气质量。AQI是度量环境空气质量的整体指标，数值由0至500不等，数值越高，表示空气质量越差。

AQI的计算取决于不同污染物的浓度，包括可吸入颗粒物

（PM_{10}）、细颗粒物（$PM_{2.5}$）、二氧化氮（NO_2）、二氧化硫（SO_2）、一氧化碳（CO）和臭氧（O_3）。AQI分别计算上述所有污染物的数值，并报告其中的最大值。样本中AQI最小值为13，最大值为500，均值为86.28。

由于AQI是中国特有的空气质量衡量指标，为了便于将估计结果与现有研究比较，本章同时选择PM_{10}作为空气质量的衡量指标。样本中，PM_{10}的范围是6~1 520，均值为85.86。

2）气象条件数据

与上一章相同，本章需要控制相关的气象条件变量，在这里本章控制了平均温度、平均降雨量、平均风速以及一系列坏天气变量，包括下雪、下雨和起雾。

气象数据来自美国国家海洋和大气管理局（NOAA）发布的Global Summary of the Day（GSOD）数据集。GSOD提供了中国气象观测站级别的地面日度观测数据。如果一个城市有多个气象观测站，本章会计算该城市所有气象站相应指标的平均值，作为该城市当天的气象条件。

3）风向数据

美国国家海洋和大气管理局提供了气象观测站的日度风向数据①。这个数据集提供了每30分钟一次的，以正北方向作为基准，吹过该监测站的风的平均风速和风向。风向的变化范围是0~359度。其中，基准风向为0度，表示正北风，即风从南方往正北方向吹。

本章选择每日出现次数最多的风向作为当天的主导风向。如果出现次数最多的风向不止一个，则选择平均风速最大的风向作为当日的主导风向。

主要变量的描述性统计见表6-1。

① 数据来自NOAA官方网站，可下载：ftp.ncde.noaa.gov/pub/data/noaa.

6.3　识别策略和实证结果

6.3.1　日度AQI结果

本章使用固定效应面板模型估计空气污染对城市交通拥堵的影响。模型设定如下：

$$\text{Log}\left(CDI_{it}\right) = \alpha + \beta_1 AQI_{it} + \beta_2 Visibility_{it} + \theta Weather_{it} + \beta_3 Weekend_t + \beta_4 Holiday_t + \gamma_y + \delta_i + \theta_{ym} + \varepsilon_{it} \tag{6.1}$$

其中，$\text{Log}\left(CDI_{it}\right)$是$CDI_{it}$的自然对数，$CDI_{it}$表示城市$i$在$t$天的交通拥堵情况。$AQI_{it}$表示城市$i$在$t$天的空气质量，本章用它衡量空气污染程度。$Visibility_{it}$表示城市$i$在$t$天的能见度。$Weather_{it}$是城市$i$在$t$天的气象条件向量，包括日度平均温度、日度平均风速和日度平均降雨量这些连续变量。另外，它还包括一系列特殊天气虚拟变量，例如下雪和雾天。ε_{it}是误差项。

为了避免不可观测的个体异质性和时间趋势对估计结果带来偏误，本章控制了城市固定效应δ_i和年固定效应γ_y。

Ding 等（2012）研究了京津塘高速公路交通事故伤亡时间的分布。他指出，4—6 月和 10 月是交通事故的两个高峰。所以本章使用 11 个月度虚拟变量和 4 个年度虚拟变量的交互项来控制年-月时间固定效应θ_{ym}。

Cool 等（2010）发现一周内特定天的效应对日度交通强度的差异有很大影响，因此本章控制了周末虚拟变量$Weekend_t$和节假日虚拟变量$Holiday_t$。

表 6-2 报告了基准模型的估计结果。第（1）列没有控制能见度，并且没有考虑时间趋势。第（2）至第（4）列均控制了能见度。此

外，第（2）列没有考虑时间趋势，第（3）列控制了线性时间趋势，第（4）列控制了二次时间趋势。所有模型的估计标准误都聚类到城市层面。表6-2的估计结果表明，能见度对交通拥堵有显著的负向影响，因为能见度降低的时候司机必须降低行车速度，这会导致拥堵加重。同时，第（2）列至第（4）列的结果表明，无论是否控制时间趋势，空气污染程度的增加都会显著降低交通拥堵状况。AQI每增加一个单位，会导致CDI减少0.01%。AQI每增加1个标准差，会导致平均CDI约减少0.5%（AQI标准差49.56乘以0.01%），或者说0.008（CDI均值1.65乘以0.5%）。

表6-2　**空气污染对交通拥堵的影响（AQI）**

	（1）	（2）	（3）	（4）
	Log（CDI）			
	No Trend	No Trend	Linear Trend	Quadratic Trend
AQI	−0.00008***	−0.00010***	−0.00010***	−0.00010***
	（0.00003）	（0.00003）	（0.00003）	（0.00003）
能见度		−0.00060**	−0.00062**	−0.00060**
		（0.00029）	（0.00030）	（0.00030）
温度	−0.00147***	−0.00150***	−0.00149***	−0.00152***
	（0.00037）	（0.00037）	（0.00037）	（0.00037）
风速	0.00053	0.00066	0.00068*	0.00069*
	（0.00038）	（0.00040）	（0.00040）	（0.00041）
降雨量	0.02043***	0.01948***	0.01961***	0.01952***
	（0.00210）	（0.00221）	（0.00221）	（0.00221）
雾	0.00245	0.00054	0.00074	0.00065
	（0.00274）	（0.00281）	（0.00281）	（0.00281）

续表

	(1)	(2)	(3)	(4)
	Log (CDI)			
	No Trend	No Trend	Linear Trend	Quadratic Trend
雪	0.04614***	0.04474***	0.04417***	0.04450***
	(0.00793)	(0.00824)	(0.00831)	(0.00828)
节假日哑变量	-0.12576***	-0.12546***	-0.12407***	-0.12505***
	(0.00651)	(0.00650)	(0.00635)	(0.00646)
周末哑变量	-0.12137***	-0.12016***	-0.12019***	-0.12009***
	(0.00659)	(0.00642)	(0.00643)	(0.00642)
城市 FE	是	是	是	是
年-月 FE	是	是	是	是
常数项	0.56010***	0.56492***	0.33106***	0.47347***
	(0.00613)	(0.00687)	(0.02732)	(0.01397)
样本量	70 517	68 933	68 933	68 933
R^2	0.592	0.590	0.591	0.590

注：*、**和***分别表示10%、5%和1%的显著性水平。所有回归的因变量均为*CDI*的自然对数。第（1）列没有控制能见度，并且没有考虑时间趋势。第（2）至第（4）列均控制了能见度。此外，第（2）列没有考虑时间趋势，第（3）列控制了线性时间趋势，第（4）列控制了平方时间趋势。所有模型的估计标准误都聚类到城市层面。如果没有特殊说明，本章所有回归均聚类到城市层面。

OLS估计可能存在潜在的内生性问题。许多研究表明，汽车尾气排放是空气污染最重要的来源之一，这意味着交通拥堵反过来也会影响空气质量。因此，AQI可能是内生的，这会导致OLS的估计结果不再是一致的。

另外，本章的模型还遗漏了其他的解释变量。例如，北京地铁和公共交通政策会影响出行选择和交通拥堵（Gu et al.，2021）；汽车牌照抽签等会影响驾照的获取；共享单车和汽车的普及等都会影响人们的出行选择，进而影响到交通拥堵。

为了解决潜在的内生性问题，本章使用工具变量和两阶段最小二乘法估计AQI对交通拥堵的影响。文献中通常利用日度风向的随机性来构造空气污染的工具变量（Zheng et al.，2014；Schlenker and Walker，2016；He et al.，2020）。具体地，本章挑选风从附近城市吹往目标城市的子样本，使用附近城市的AQI作为目标城市的AQI的工具变量。

两阶段最小二乘法模型设定如下：

第一阶段：

$$
\begin{aligned}
AQI_{it} = \alpha_0 + \alpha_1 NearbyAQI_{it} * 1(0 \leq Angle_{it} \leq 180) + \\
\alpha_2 Visibility_{it} + \beta Weather_{it} + \alpha_3 Holiday_t + \\
\alpha_4 Weekend_t + \gamma_y + \delta_i + \theta_{ym} + \varepsilon_{it}
\end{aligned}
\tag{6.2}
$$

第二阶段：

$$
\begin{aligned}
\mathrm{Log}(CDI_{it}) = \alpha + \beta_1 \widehat{AQI_{it}} + \beta_2 Visibility_{it} + \theta Weather_{it} + \beta_3 Weekend_t + \\
\beta_4 Holiday_t + \gamma_y + \delta_i + \theta_{ym} + \varepsilon_{it}
\end{aligned}
\tag{6.3}
$$

其中，$NearbyAQI_{it}$表示目标城市i的附近城市的空气质量，本章选取风从附近城市吹往目标城市时离目标城市最近的那个城市的空气质量指标作为工具变量。$Angle_{it}$表示附近城市的风吹往目标城市的夹角，为了尽可能保留观测值，本章将夹角定为180度。其他变量的设定同模型（6.1）。

表6-3报告了两阶段最小二乘法的估计结果。第（1）列报告了第一阶段的回归结果，该结果与最后一行报告的K-P F统计量均表明，本章使用的工具变量不是弱工具变量。第（2）列至第（4）列为第二阶段回归，其中第（2）列没有控制时间趋势，第（3）列和第（4）列分别控制了线性时间趋势和二次时间趋势。本章发现，两阶段

最小二乘法的估计结果与基准回归的估计结果基本相同。AQI每增加一个单位，会导致平均CDI减少0.01%。即AQI每增加一个标准差，会导致平均CDI减少0.5%（AQI标准差49.56乘以0.01%），或者说0.008（CDI均值1.65乘以0.5%）。

为了便于比较，本章将估计的结果标准化。表6-1告了相关空气污染指标的均值和标准误。AQI的均值和标准误分别为86.28和49.56。经过换算，基准回归表明，AQI每提高一个标准差，会导致CDI平均下降0.5%。结果表明，空气污染增加确实会显著降低城市的交通拥堵状况。

表6-3　　空气污染对交通拥堵的影响（IV）

	(1)	(2)	(3)	(4)
	AQI	Log（CDI）		
	First-Stage	Second-Stage		
	No Trend	No Trend	Linear Trend	Quadratic Trend
邻近城市AQI	0.59283***			
	(0.02502)			
AQI		-0.00010**	-0.00010**	-0.00010**
		(0.00004)	(0.00004)	(0.00004)
能见度	-1.71574***	-0.00060*	-0.00063*	-0.00061*
	(0.19470)	(0.00032)	(0.00032)	(0.00032)
温度	0.50818***	-0.00154***	-0.00153***	-0.00156***
	(0.16317)	(0.00036)	(0.00036)	(0.00036)
风速	-0.55809***	0.00062*	0.00063*	0.00064*
	(0.13348)	(0.00037)	(0.00037)	(0.00037)
降雨量	-7.14197***	0.01936***	0.01948***	0.01940***
	(0.56957)	(0.00236)	(0.00236)	(0.00236)

续表

	(1)	(2)	(3)	(4)
	AQI	Log（CDI）		
	First-Stage	Second-Stage		
	No Trend	No Trend	Linear Trend	Quadratic Trend
雾	6.30172*	0.00089	0.00108	0.00099
	(3.27984)	(0.00271)	(0.00272)	(0.00271)
雪	-4.49169*	0.04318***	0.04258***	0.04291***
	(2.49418)	(0.00723)	(0.00728)	(0.00726)
节假日哑变量	1.59655***	-0.12511***	-0.12375***	-0.12470***
	(0.53958)	(0.00643)	(0.00627)	(0.00638)
周末哑变量	0.26047	-0.11978***	-0.11981***	-0.11972***
	(0.27656)	(0.00636)	(0.00637)	(0.00636)
城市FE	是	是	是	是
年-月FE	是	是	是	是
样本量	67 994	67 994	67 994	67 994
R^2	0.619	0.481	0.482	0.481
K-P F 统计量		561.244	560.945	561.133

注：*、**和***分别表示10%、5%和1%的显著性水平。所有回归的因变量均为CDI的自然对数。第（1）列报告了第一阶段的回归结果。第（2）列至第（4）列为第二阶段回归，其中第（2）列没有控制时间趋势，第（3）列和第（4）列分别控制了线性时间趋势和二次方时间趋势。

研究表明人们会对空气污染播报做出反应（Barwick et al., 2024）。表6-4的结果表明，空气污染越严重，空气污染对交通表现的正面影响就越大。中国自2013年开始报告日度空气质量指数（AQI）。AQI的范围是0~500，数值越大表示污染物浓度越高，对人的健康的有害影响也就越大，因此可分为六个级别，如表6-5所示。AQI在0~50之间，表示空气质量良好，对健康没有影响；AQI在150以上，即开始出现中度空气污染，会对健康人群产生较为严重的影响。因此，本章用AQI的排名来代替平均AQI，估计空气污染对交通拥堵的影响。本章选择0~50的AQI作为对照组。

表6-4　　**AQI等级对交通拥堵的影响**

	（1）	（2）	（3）	（4）
	Log（CDI）			
	No Trend	No Trend	Linear Trend	Quadratic Trend
50<AQI≤100	-0.00517^{**}	-0.00595^{***}	-0.00616^{***}	-0.00600^{***}
	（0.00209）	（0.00223）	（0.00222）	（0.00223）
100<AQI≤150	-0.00856^{***}	-0.01012^{***}	-0.01046^{***}	-0.01028^{***}
	（0.00304）	（0.00334）	（0.00332）	（0.00333）
150<AQI≤200	-0.01066^{***}	-0.01288^{***}	-0.01298^{***}	-0.01285^{***}
	（0.00354）	（0.00402）	（0.00400）	（0.00400）
200<AQI≤300	-0.01530^{**}	-0.01785^{***}	-0.01802^{***}	-0.01797^{***}
	（0.00622）	（0.00665）	（0.00662）	（0.00663）
AQI>300	-0.03126^{***}	-0.03416^{***}	-0.03424^{***}	-0.03423^{***}
	（0.01062）	（0.01087）	（0.01084）	（0.01086）
能见度		-0.00056^{*}	-0.00058^{*}	-0.00056^{*}
		（0.00029）	（0.00029）	（0.00029）
温度	-0.00146^{***}	-0.00148^{***}	-0.00147^{***}	-0.00150^{***}
	（0.00037）	（0.00038）	（0.00038）	（0.00038）

续表

	(1)	(2)	(3)	(4)
	Log (CDI)			
	No Trend	No Trend	Linear Trend	Quadratic Trend
风速	0.00052	0.00063	0.00064	0.00065
	(0.00038)	(0.00040)	(0.00040)	(0.00040)
降雨量	0.02034***	0.01943***	0.01954***	0.01946***
	(0.00215)	(0.00227)	(0.00227)	(0.00227)
雾	0.00219	0.00035	0.00052	0.00044
	(0.00271)	(0.00279)	(0.00279)	(0.00279)
雪	0.04616***	0.04485***	0.04429***	0.04462***
	(0.00794)	(0.00825)	(0.00832)	(0.00829)
节假日哑变量	−0.12588***	−0.12560***	−0.12421***	−0.12519***
	(0.00652)	(0.00651)	(0.00636)	(0.00647)
周末哑变量	−0.12139***	−0.12017***	−0.12020***	−0.12010***
	(0.00659)	(0.00642)	(0.00643)	(0.00641)
城市 FE	是	是	是	是
年-月 FE	是	是	是	是
常数项	0.55840***	0.56255***	0.32691***	0.47057***
	(0.00625)	(0.00691)	(0.02740)	(0.01392)
样本量	70 519	68 933	68 933	68 933
R^2	0.592	0.590	0.591	0.590

注：*、**和***分别表示10%、5%和1%的显著性水平。第（1）列和第（2）列没有控制时间趋势，第（3）列和第（4）列分别控制了线性时间趋势和二次时间趋势。

表6-5 **AQI等级**

AQI	AQI等级	空气质量条件	对健康影响情况	建议采取的措施
0~50	一级	优	空气质量令人满意，基本无空气污染	各类人群可正常活动
51~100	二级	良	空气质量可接受，但某些污染物可能对极少数异常敏感人群有较弱影响	极少数异常敏感人群应减少户外活动
101~150	三级	轻度污染	易感人群症状有轻度加剧，健康人群出现刺激症状	儿童、老年人及心脏病、呼吸系统疾病患者应该减少长时间、高强度的户外锻炼
151~200	四级	中度污染	进一步加剧易感人群症状，可能对健康人群心脏、呼吸系统有影响	儿童、老年人及心脏病、呼吸系统疾病患者避免长时间、高强度的户外锻炼，一般人群适量减少户外运动
201~300	五级	重度污染	心脏病和肺病患者症状显著加剧，运动耐受力降低，健康人群普遍出现症状	儿童、老年人及心脏病、肺病患者应停留在室内，停止户外运动，一般人群减少户外运动
300以上	六级	严重污染	健康人群运动耐受力降低，有明显强烈症状，提前出现某些疾病	儿童、老年人和病人应当留在室内，避免体力消耗，一般人群应避免户外活动

注：AQI等级信息来自生态环境部官方网站（https：//www.mee.gov.cn）。

6.3.2 日度PM_{10}结果

空气污染指数（AQI）是一种仅在中国使用的指标，因此很难将本章估计的结果与其他国家的研究结果进行比较。为了便于比较，本章使用PM_{10}浓度重做了基准回归。

表6-6报告了基准模型的估计结果。第（1）列没有控制能见度，并且没有考虑时间趋势。第（2）至第（4）列均控制了能见度。此外，第（2）列没有考虑时间趋势，第（3）列控制了线性时间趋势，第（4）列控制了二次时间趋势。所有模型的估计标准误都聚类到城市层面。表6-6的估计结果表明，能见度对交通拥堵有显著的负向影响，因为能见度降低的时候司机必须降低行车速度，这会导致拥堵加重。同时，第（2）列至第（4）列的结果表明，无论是否控制时间趋势，空气污染程度的增加都会显著降低交通拥堵状况。PM_{10}浓度每增加一个单位，会导致CDI降低0.006%。即PM_{10}浓度每增加一个标准差，会导致平均CDI减少0.38%（即PM_{10}浓度的标准差63.60乘以0.006%），或者说0.006（即CDI均值1.65乘以0.38%）。

表6-6　　**空气污染对交通拥堵的影响（PM_{10}）**

	(1)	(2)	(3)	(4)
	Log（CDI）			
	No Trend	No Trend	Linear Trend	Quadratic Trend
PM_{10}浓度	−0.00005***	−0.00006***	−0.00006***	−0.00006***
	(0.00002)	(0.00002)	(0.00002)	(0.00002)
能见度		−0.00055*	−0.00056*	−0.00055*
		(0.00029)	(0.00029)	(0.00029)
温度	−0.00152***	−0.00156***	−0.00155***	−0.00157***
	(0.00036)	(0.00036)	(0.00036)	(0.00036)
风速	0.00060	0.00073*	0.00075*	0.00076*
	(0.00038)	(0.00040)	(0.00040)	(0.00040)

续表

	(1)	(2)	(3)	(4)
	Log (CDI)			
	No Trend	No Trend	Linear Trend	Quadratic Trend
降雨量	0.02073***	0.01989***	0.02003***	0.01994***
	(0.00210)	(0.00220)	(0.00220)	(0.00220)
雾	0.00200	0.00023	0.00041	0.00032
	(0.00262)	(0.00272)	(0.00273)	(0.00272)
雪	0.04654***	0.04510***	0.04458***	0.04488***
	(0.00793)	(0.00829)	(0.00835)	(0.00832)
节假日哑变量	−0.12575***	−0.12547***	−0.12412***	−0.12507***
	(0.00645)	(0.00645)	(0.00630)	(0.00641)
周末哑变量	−0.12123***	−0.12001***	−0.12004***	−0.11995***
	(0.00656)	(0.00641)	(0.00642)	(0.00640)
城市 FE	是	是	是	是
年-月 FE	是	是	是	是
常数项	0.55794***	0.56207***	0.33384***	0.47285***
	(0.00609)	(0.00676)	(0.02730)	(0.01398)
样本量	70 461	68 878	68 878	68 878
R^2	0.592	0.590	0.590	0.590

注：*、**和***分别表示10%、5%和1%的显著性水平。所有回归的因变量均为CDI的自然对数。第（1）列没有控制能见度，并且没有考虑时间趋势。第（2）列至第（4）列均控制了能见度。此外，第（2）列没有考虑时间趋势，第（3）列控制了线性时间趋势，第（4）列控制了二次方时间趋势。所有模型的估计标准误都聚类到城市层面。

为了解决潜在的内生性问题，本章选取风从附近城市吹往目标城市时离目标城市最近的那个城市的PM_{10}浓度作为目标城市的PM_{10}浓度的工具变量。

表6-7报告了两阶段最小二乘法的估计结果。

表6-7　**空气污染对交通拥堵的影响（PM_{10}浓度，2SLS）**

	PM_{10}浓度	Log（CDI）		
	第一阶段	第二阶段		
	（1） No Trend	（2） No Trend	（3） Linear Trend	（4） Quadratic Trend
邻近城市PM_{10}浓度	0.58425***			
	（0.03223）			
PM_{10}浓度		−0.00007**	−0.00006**	−0.00007**
		（0.00003）	（0.00003）	（0.00003）
能见度	−2.38304***	−0.00056*	−0.00057*	−0.00057*
	（0.27188）	（0.00030）	（0.00030）	（0.00030）
温度	0.43946***	−0.00161***	−0.00160***	−0.00163***
	（0.13556）	（0.00034）	（0.00035）	（0.00035）
风速	−0.21373	0.00070*	0.00071*	0.00072*
	（0.18699）	（0.00037）	（0.00037）	（0.00037）
降雨量	−8.38931***	0.01962***	0.01978***	0.01968***
	（0.73474）	（0.00230）	（0.00230）	（0.00230）
雾	5.08107	0.00059	0.00075	0.00068
	（3.58765）	（0.00260）	（0.00261）	（0.00260）
雪	−10.93693***	0.04243***	0.04190***	0.04221***
	（3.31242）	（0.00736）	（0.00740）	（0.00738）

续表

	PM_{10}浓度	Log（CDI）		
	第一阶段	第二阶段		
	（1） No Trend	（2） No Trend	（3） Linear Trend	（4） Quadratic Trend
节假日哑变量	1.00877	−0.12532***	−0.12399***	−0.12492***
	（0.75714）	（0.00643）	（0.00627）	（0.00638）
周末哑变量	0.48869	−0.11977***	−0.11980***	−0.11970***
	（0.33280）	（0.00637）	（0.00637）	（0.00636）
城市FE	是	是	是	是
年-月FE	是	是	是	是
样本量	67 951	67 951	67 951	67 951
R^2	0.655	0.481	0.481	0.481
K-P F 统计量		328.608	328.626	328.544

注：*、**和***分别表示10%、5%和1%的显著性水平，下同。

表6-7的第（1）列报告了第一阶段的回归结果，该结果与最后一行报告的K-P F 统计量均表明，本章使用的工具变量不是弱工具变量。

第（2）列至第（4）列为第二阶段回归，其中第（2）列没有控制时间趋势，第（3）列和第（4）列分别控制了线性时间趋势和二次时间趋势。

研究发现，两阶段最小二乘法的估计结果与基准回归的估计结果基本相同。PM_{10}浓度每增加一个单位，会导致平均CDI减少0.006%。

为了便于比较，本章将估计的结果标准化。

表6-1报告了相关空气污染指标的均值和标准误。PM_{10}浓度的均值和标准误分别为85.86和63.60。经过换算，基准回归表明，PM_{10}浓度每

提高一个标准差，会导致CDI平均下降0.38%（即PM_{10}浓度的标准差63.60乘以0.006%），或者说0.006（即CDI均值1.65乘以0.38%）。结果表明，空气污染增加确实会显著降低城市的交通拥堵状况。

6.3.3 异质性分析

1）城市异质性描述性统计分析

图6-1和图6-2报告了全样本下AQI和PM_{10}浓度与交通拥堵（CDI）之间的相关性。可以看出，两个变量与交通拥堵之间均存在正相关关系。图6-3报告了4个直辖市空气污染物浓度与交通拥堵的相关性，可以看出，不同城市的差别很大：北京、天津和重庆是负相关关系，而上海则为正相关关系；同时这些城市的斜率也不相同。

为了进一步探究不同城市空气污染对交通拥堵的影响的异质性，本章选取了一些有代表性的城市（4个直辖市以及东中西部地区和东北地区），使用第3章的工具变量模型对该效应进行估计。

表6-8a报告了这一结果。可以发现，不同城市的AQI对交通拥堵的影响大不相同。例如，北京、上海、厦门和武汉效应不显著，重庆、天津、西安和兰州显著为负，青岛和哈尔滨则显著为正。表6-8b报告了PM_{10}浓度的相应结果，不同城市之间的异质性依然存在。这些异质性应该怎么解释呢？

由于空气污染对交通拥堵产生影响的渠道很多，既有正向影响（人们出行时会选择开车、认知能力下降、更容易发生交通事故等等）也有负向影响（污染严重的时候人们避免出行），因此空气污染对交通拥堵的因果效应本身就是不确定的，不同城市的结果不同是因为这些城市的正向和负向影响的相对大小不同。

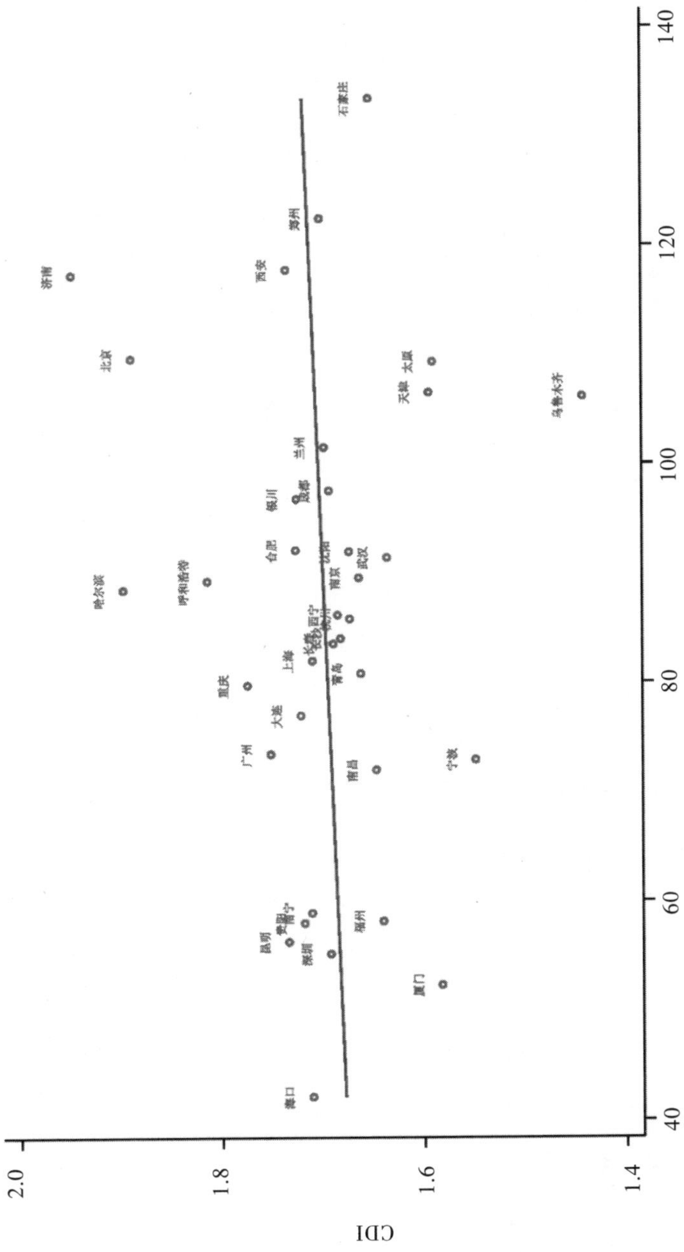

图 6-1　AQI与交通拥堵（全样本平均）

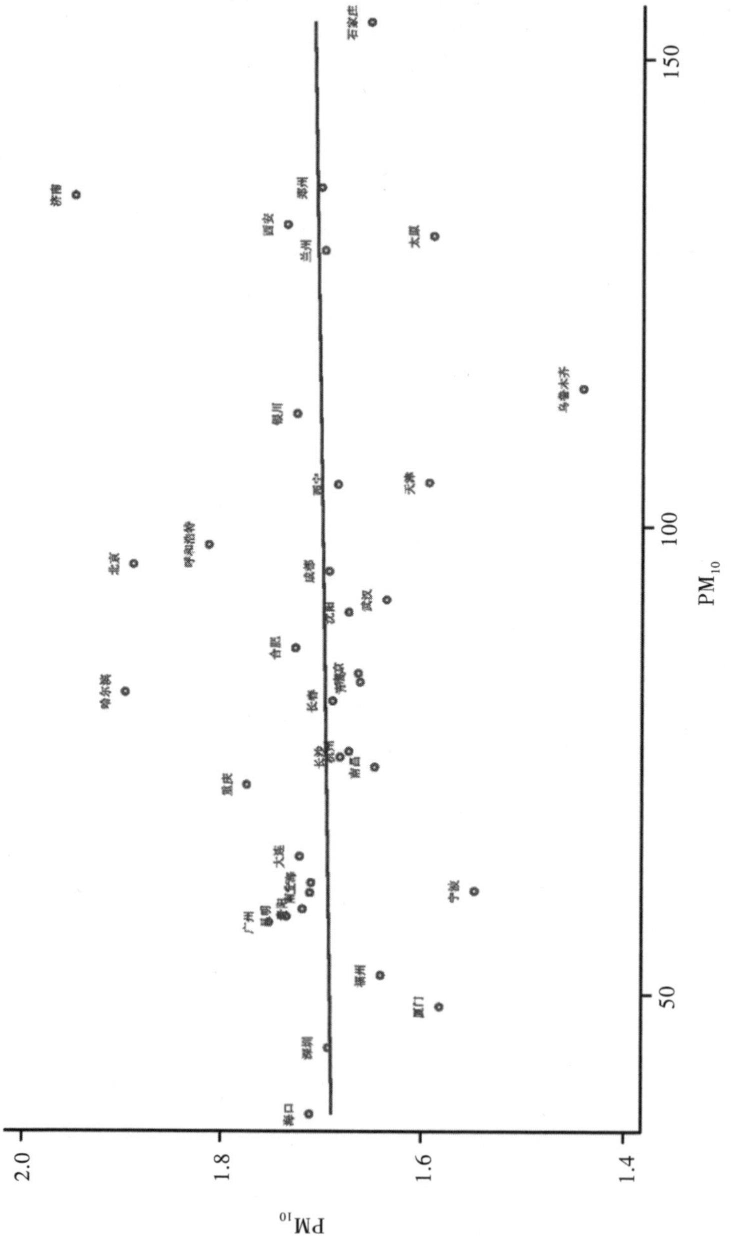

图 6-2　PM_{10}与交通拥堵（全样本平均）

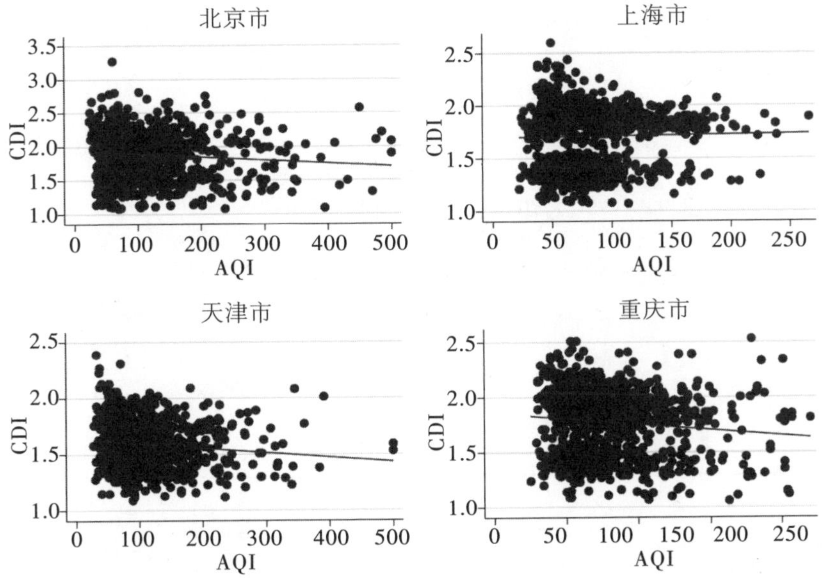

图6-3　4个直辖市的例子

这意味着政府在制定空气污染和交通拥堵的协调治理政策时，中央政府或者省级政府不应该“一刀切”，而应该由各城市甚至各区县综合考量自己的实际情况，再制定相关政策，会更有针对性。

表6-8a　　**十个代表性城市的结果（AQI，2SLS）**

Panel A	Log（CDI）				
变量	（1）北京	（2）上海	（3）重庆	（4）天津	（5）厦门
AQI	0.00003	0.00020	−0.00043**	−0.00037***	0.00027
	（0.00022）	（0.00027）	（0.00019）	（0.00010）	（0.00025）
控制变量	Yes	Yes	Yes	Yes	Yes
样本量	554	405	1 010	1 077	1 045
R^2	0.607	0.753	0.672	0.482	0.574

续表

Panel B	Log（CDI）				
变量	（6）青岛	（7）西安	（8）哈尔滨	（9）武汉	（10）兰州
AQI	0.00044***	−0.00056***	0.00031**	−0.00001	−0.00055***
	（0.00014）	（0.00008）	（0.00014）	（0.00017）	（0.00016）
控制变量	Yes	Yes	Yes	Yes	Yes
样本量	1 027	1 075	818	887	969
R_2	0.479	0.434	0.479	0.545	0.294

表 6-8b　**十个代表性城市的结果（PM_{10}浓度，2SLS）**

Panel A	Log（CDI）				
变量	（1）北京	（2）上海	（3）重庆	（4）天津	（5）厦门
PM_{10}浓度	0.00015	0.00060*	−0.00027	−0.00011	0.00005
	（0.00013）	（0.00035）	（0.00018）	（0.00008）	（0.00018）
控制变量	Yes	Yes	Yes	Yes	Yes
样本量	554	405	1 010	1 066	1 045
R^2	0.606	0.757	0.670	0.465	0.572
Panel B	Log（CDI）				
变量	（6）青岛	（7）西安	（8）哈尔滨	（9）武汉	（10）兰州
PM_{10}浓度	0.00064***	−0.00030***	0.00027**	0.00004	−0.00008
	（0.00011）	（0.00007）	（0.00012）	（0.00012）	（0.00006）
控制变量	Yes	Yes	Yes	Yes	Yes
样本量	1 027	1 075	817	887	969
R^2	0.475	0.403	0.483	0.546	0.339

2）空气污染对不同拥堵程度的城市的交通表现的影响

进一步研究发现（见表6-9），空气污染对交通拥堵影响的城市间异质性可能来自城市不同的交通拥堵程度。本章将所有城市的平均CDI进行排位，将前1/3的城市定义为低拥堵城市，将中间1/3的城市定义为中度拥堵城市，将后1/3的城市定义为高拥堵城市。结果表明，在低拥堵的城市里，空气污染对交通拥堵的影响不显著。在中度拥堵和高拥堵的城市里，空气污染对交通拥堵的影响显著为负，并且影响随着拥堵程度的加剧而增大。一个可能的解释是，在高拥堵的城市里，当空气污染严重时人们更不愿意出行，因为开车出行的时间成本和健康成本更高。

表6-9　**按拥堵情况分组**

	(1) 低拥堵	(2) 中拥堵	(3) 高拥堵	(4) 低拥堵	(5) 中拥堵	(6) 高拥堵
变量	Log (CDI)	Log (CDI)	Log (CDI)	Log (CDI)	Log (CDI)	Log (CDI)
AQI	-0.00004	-0.00013***	-0.00014***			
	(0.00003)	(0.00004)	(0.00004)			
PM_{10}浓度				-0.00003	-0.00008**	-0.00010***
				(0.00002)	(0.00003)	(0.00003)
能见度	-0.00009	-0.00073*	-0.00120**	-0.00008	-0.00061	-0.00111*
	(0.00021)	(0.00039)	(0.00057)	(0.00021)	(0.00038)	(0.00059)
温度	-0.00197***	-0.00085	-0.00162***	-0.00199***	-0.00098*	-0.00168***
	(0.00041)	(0.00053)	(0.00054)	(0.00039)	(0.00052)	(0.00056)
风速	0.00050	0.00191***	-0.00024	0.00053	0.00199***	-0.00013
	(0.00038)	(0.00054)	(0.00048)	(0.00039)	(0.00053)	(0.00047)
降雨量	0.01636***	0.01793***	0.02243***	0.01650***	0.01848***	0.02306***
	(0.00165)	(0.00308)	(0.00354)	(0.00177)	(0.00308)	(0.00351)

续表

变量	(1) 低拥堵	(2) 中拥堵	(3) 高拥堵	(4) 低拥堵	(5) 中拥堵	(6) 高拥堵
	Log (CDI)	Log (CDI)	Log (CDI)	Log (CDI)	Log (CDI)	Log (CDI)
雾	0.00181	-0.00231	0.00625	0.00179	-0.00270	0.00567
	(0.00272)	(0.00417)	(0.00442)	(0.00270)	(0.00403)	(0.00424)
雪	0.06619***	0.03748***	0.03837**	0.06592***	0.03688***	0.03985**
	(0.00790)	(0.00909)	(0.01724)	(0.00796)	(0.00906)	(0.01745)
节假日哑变量	-0.08918***	-0.13335***	-0.15383***	-0.08931***	-0.13365***	-0.15358***
	(0.00489)	(0.00672)	(0.01197)	(0.00488)	(0.00672)	(0.01180)
周末哑变量	-0.08229***	-0.12763***	-0.15126***	-0.08224***	-0.12761***	-0.15095***
	(0.00612)	(0.00783)	(0.00954)	(0.00611)	(0.00782)	(0.00950)
城市FE	是	是	是	是	是	是
年-月FE	是	是	是	是	是	是
常数项	0.48043***	0.55852***	0.65953***	0.47956***	0.55468***	0.65499***
	(0.00578)	(0.00996)	(0.01089)	(0.00571)	(0.00948)	(0.01155)
样本量	23 340	22 736	22 857	23 335	22 728	22 815
R^2	0.529	0.515	0.557	0.529	0.514	0.556

6.3.4 稳健性检验

由于中国官方公布的空气质量数据的可靠性一直受到个别媒体和研究人员的质疑。他们认为，政府有动机操纵数据以获得更多的“蓝天”日，特别是当API非常接近（高于或者低于）100时，因为中国将API低于100的日子定义为“蓝天日”（Chen et al., 2012）。然而，Chen 等（2012）的研究表明中国的API数据基本是准确的。

他们发现，尽管“蓝天日”的数量可能受到数据操纵的影响，但报告的API确实包含了空气质量的有用信息，即空气质量在城市维度和时间维度的变异。2013年后，中国使用AQI指标替代API指标，AQI的计算中新增了三种污染物（$PM_{2.5}$、CO和O_3），计算方法和API相同。

表6-10按照是否“蓝天日”对AQI重新进行分类，即设置参照组为“蓝天日”。结果表明，AQI等级对交通表现的正向影响依然显著存在。

表6-10　**“蓝天日”偏误的稳健性检验**

	(1)	(2)	(3)	(4)
	Log（CDI）			
	No Trend	No Trend	Linear Trend	Quadratic Trend
100<AQI≤150	-0.00406**	-0.00482***	-0.00497***	-0.00493***
	(0.00163)	(0.00174)	(0.00174)	(0.00174)
150<AQI≤200	-0.00599**	-0.00732***	-0.00721***	-0.00723***
	(0.00236)	(0.00261)	(0.00261)	(0.00260)
200<AQI≤300	-0.01056*	-0.01213**	-0.01210**	-0.01220**
	(0.00560)	(0.00577)	(0.00575)	(0.00575)
AQI>300	-0.02656**	-0.02846***	-0.02834***	-0.02847***
	(0.01018)	(0.01029)	(0.01028)	(0.01029)
能见度		-0.00049*	-0.00051*	-0.00050*
		(0.00029)	(0.00029)	(0.00029)
温度	-0.00155***	-0.00158***	-0.00157***	-0.00159***
	(0.00036)	(0.00037)	(0.00037)	(0.00037)

续表

	(1)	(2)	(3)	(4)
	Log (CDI)			
	No Trend	No Trend	Linear Trend	Quadratic Trend
风速	0.00062	0.00074*	0.00075*	0.00076*
	(0.00038)	(0.00040)	(0.00040)	(0.00040)
降雨量	0.02082***	0.02008***	0.02020***	0.02011***
	(0.00210)	(0.00220)	(0.00220)	(0.00220)
雾	0.00218	0.00056	0.00074	0.00066
	(0.00266)	(0.00274)	(0.00275)	(0.00275)
雪	0.04612***	0.04494***	0.04439***	0.04471***
	(0.00793)	(0.00824)	(0.00831)	(0.00828)
节假日哑变量	−0.12574***	−0.12544***	−0.12407***	−0.12503***
	(0.00651)	(0.00650)	(0.00635)	(0.00645)
周末哑变量	−0.12141***	−0.12019***	−0.12022***	−0.12012***
	(0.00659)	(0.00642)	(0.00643)	(0.00642)
城市 FE	是	是	是	是
年-月 FE	是	是	是	是
常数项	0.55520***	0.55834***	0.32553***	0.46693***
	(0.00648)	(0.00701)	(0.02740)	(0.01409)
样本量	70 519	68 933	68 933	68 933
R^2	0.592	0.590	0.590	0.590

注：*、**和***分别表示10%、5%和1%的显著性水平。第（1）列和第（2）列没有控制时间趋势，第（3）列和第（4）列分别控制了线性时间趋势和二次方时间趋势。

6.3.5 北京市2015—2018年的估计结果

表6-11和表6-12报告了北京市2015—2018年间空气污染对交通拥堵的影响。将此估计结果与第5章对比，虽然本章使用的交通拥堵指标不同（TPI对比CDI），但该结果仍具有一定的参考意义，即随着人们对空气污染的危害的认识愈来愈深刻，污染规避行为逐渐增加，最终导致空气污染对交通拥堵的净效应逆转。下一章会更深入地讨论这个问题。

表6-11 **空气污染对交通拥堵的影响（北京市）**

	(1)	(2)	(3)	(4)
变量	Log（CDI）	Log（CDI）	Log（CDI）	Log（CDI）
AQI	-0.00011*	-0.00012		
	(0.00006)	(0.00009)		
PM_{10}浓度			-0.00001	0.00004
			(0.00005)	(0.00007)
能见度		-0.00439		-0.00035
		(0.00430)		(0.00398)
温度	-0.00004	-0.00049	0.00008	-0.00010
	(0.00035)	(0.00047)	(0.00035)	(0.00048)
风速	-0.00009	0.00010	0.00098	-0.00069
	(0.00147)	(0.00278)	(0.00143)	(0.00278)
降雨量	-0.00303	-0.00121	-0.00073	0.00287
	(0.00910)	(0.00944)	(0.00924)	(0.00938)
节假日哑变量	-0.31055***	-0.35185***	-0.30701***	-0.34865***
	(0.01417)	(0.01760)	(0.01438)	(0.01789)

续表

变量	(1) Log (CDI)	(2) Log (CDI)	(3) Log (CDI)	(4) Log (CDI)
周末哑变量	-0.24077***	-0.24349***	-0.24061***	-0.24339***
	(0.00889)	(0.01126)	(0.00896)	(0.01134)
常数项	0.72335***	0.74847***	0.70182***	0.70423***
	(0.01409)	(0.02859)	(0.01333)	(0.02537)
样本量	1，008	596	965	554
R^2	0.558	0.599	0.558	0.606

表6-12　**空气污染对交通拥堵的影响-2SLS（北京市）**

	(1)	(2)	(3)	(4)
	First-Stage		Second-Stage	
变量	AQI	PM_{10}	Log (CDI)	Log (CDI)
邻近城市AQI	0.52832***			
	(0.03868)			
邻近城市PM_{10}浓度		0.67866***		
		(0.03427)		
AQI			0.00003	
			(0.00022)	
PM_{10}浓度				0.00015
				(0.00013)
能见度	-20.08836***	-12.77464***	0.00122	0.00426
	(1.53857)	(1.77451)	(0.00683)	(0.00504)
温度	-0.01318	-0.20325	0.00007	0.00027
	(0.19299)	(0.22634)	(0.00055)	(0.00059)

续表

	(1)	(2)	(3)	(4)
	First-Stage		Second-Stage	
变量	AQI	PM_{10}	Log（CDI）	Log（CDI）
风速	1.59500	-0.43999	-0.00054	-0.00114
	(1.11591)	(1.29039)	(0.00396)	(0.00396)
降雨量	-12.95232***	-9.68280**	0.00210	0.00429
	(3.69594)	(4.19422)	(0.00614)	(0.00529)
雾	45.55372***	42.86651***	0.01867	0.01242
	(7.79991)	(8.85949)	(0.02571)	(0.02467)
雪	4.00716	-3.70358	0.04137	0.04538
	(13.56412)	(15.44941)	(0.05095)	(0.05134)
节假日哑变量	6.75896	3.35193	-0.34829***	-0.34862***
	(7.06640)	(8.02718)	(0.03097)	(0.03096)
周末哑变量	7.06329	3.02714	-0.24488***	-0.24488***
	(4.49007)	(5.09930)	(0.01055)	(0.01045)
样本量	554	554	554	554
R^2	0.612	0.636	0.607	0.606
K-P F 统计量			86.47	77.99

7

空气污染、规避行为和清洁空气支付意愿[①]

① 本章基本内容已公开发表，详情见：陈涵一，史铁，王临风，等.空气污染、规避行为和家庭电力消费——来自中国地级市的证据［J］.经济学（季刊），2023，23（5）：1865-1882.

7.1 引言

据报道，全球每年大约有300万人死于环境空气污染（Ambient air pollution），大约90%的人生活在空气质量低于世界卫生组织（WHO）空气质量标准的地方（WHO，2016）。发展中国家的空气质量更差。严重的空气污染威胁着数十亿人的健康，同时也为经济带来了巨大的负担。政策制定者和科研人员普遍关注空气污染对人们身心健康的损害以及直接的经济成本。例如，空气污染会提高婴儿死亡率（Jayachandran，2009；Greenstone and Hanna，2014；Arceo et al.，2016）、降低人们平均预期寿命（Chen et al.，2013；Ebenstein et al.，2015；Ebenstein et al.，2017）、影响人们精神健康（Chen et al.，2018）、降低人们的主观幸福感（Levinson，2012）、损害人们的认知能力（Zhang et al.，2018）、降低劳动生产率（Graff-Zivin and Neidell，2012；Hanna and Oliva，2015；He et al.，2019）以及增加家庭医疗支出（Barwick et al.，2018；Deryugina et al.，2019）等。然而，上述文献主要关注空气污染导致的直接经济后果，缺少对空气污染造成的间接经济成本的讨论，如空气污染对家庭电力消费的影响（He et al.，2020）。

理解空气污染导致的间接成本的关键在于理解空气污染和人类行为之间的关系。为了降低暴露在严重污染空气中的频率，人们可能会采取一系列规避行为（avoidance behavior）。已有一些文献对此进行了揭示：在短期，他们可能通过外出时使用$PM_{2.5}$防护口罩或PM_{10}防护口罩（Zhang et al.，2017；Liu et al.，2018；Eom et al.，2019）、减少户外活动（Graff-Zivin and Neidell，2009；Noonan，2014；Ward et al., 2015; Saberian et al., 2017）以及使用空气净化器（Liu et al., 2018; Eom et al., 2019; Ito et al., 2020）等措施来减少暴露在空气污染中的机会。

在长期，人们则会向空气质量更好的国家或城市移民（Qin et al., 2017; Chen et al., 2017）。这些污染规避行为通常伴随着额外的成本，例如，Zhang 等（2017）发现，中国2013年1月至2014年4月这16个月的时间内，严重的空气污染（AQI≥201）导致的口罩消费增加了1.87亿美元。

家庭电力消费的增加也是污染规避行为带来的额外成本之一。空气污染导致家庭电力消费增加的渠道主要有两个：

一是空气污染增加了家庭的室内通风需求（Tong et al., 2016）。空气污染严重时，自然通风通常会被机器通风所取代，这增加了空调或空气净化器的电力消费。例如，Eom 等（2019）发现污染暴露风险增加会提高家庭空气净化器使用频率。

二是空气污染会降低人们的出行需求（Graff-Zivin and Neidell, 2009; Noonan, 2014; Ward et al., 2015; Saberian et al., 2017），人们选择更多地停留在室内，进而增加了室内项目的电力消费，包括娱乐需求（例如看电视）、取暖需求、制冷需求、厨房家电等等。如果这些增加的电力消费来自火力发电，那么火力发电厂会增加空气污染物排放。准确估计空气污染对家庭电力消费的影响会为政策制定者制定合理的空气污染治理政策和节能减排政策提供重要参考。

本章关注空气污染对城市家庭电力消费的正向影响。仅有数篇文献讨论了空气污染与家庭电力消费之间的因果关系。[①]然而，由于数据的可获得性，这些研究主要关注发达国家的情况，忽略了对发展中国家情况的讨论（He et al.，2020；Eom et al.，2020）。发达国家的空气质量通常远远好于发展中国家，尤其是印度、墨西哥等空气污染严重的国家和地区。因此，研究人员会谨慎地对待这些研究结论的外部有效性（He et al.，2020）。仅有的来自中国的证据（Yi et al.，2020）仅仅使用了2013年和2015年的混合截面数据估计了空气污染对家庭年平均电力消费的影响，没能很好地解决两者之间的因果关系。本章使用国家电网中国电力科学研究院（China Electric Power Research Institute，CEPRI）通过家庭电表采集的143个地级及以上城市2018年1月1日至2019年12月31日日度家庭电力消费数据估计了空气污染对中国城市家庭电力消费的影响。据笔者所知，本书首次使用中国城市高频日度家庭电力消费数据估计了空气污染对城市家庭电力消费的影响，提供了污染相对严重的发展中国家的证据。

估计空气污染对家庭电力消费的影响的主要挑战是潜在的内生性问题。

本章面临的内生性问题主要有三个：

第一，遗漏变量问题。城市和年份双向固定效应模型无法解决不可观测的具有城市-日度变异的变量的遗漏变量偏误。例如，本章遗漏了口罩消费量这一重要变量，因为使用$PM_{2.5}$防护口罩或PM_{10}防护

① 据笔者所知，仅有三篇文献讨论了空气污染与家庭电力消费之间的因果关系。He等（2020）使用亚利桑那州凤凰城2013—2018年的每日和每小时的家庭和商业建筑电力消费数据和太阳能发电数据研究了空气污染对电力消费的影响。他们发现PM_{10}浓度和$PM_{2.5}$浓度的提升会导致消费者更多地待在室内从而导致电力消费增加（PM_{10}浓度和$PM_{2.5}$浓度每提高一个标准差会导致家庭电力消费分别增加0.85%和1.74%），但在商业建筑上却没有发现这个效应。同时，他们还发现PM_{10}浓度和$PM_{2.5}$浓度的提高显著减少了太阳能发电量。Eom等（2020）使用2017年7月至2018年3月韩国136个主要城市和地区853个家庭安装的智能电表的数据研究了空气污染对电力消费的影响。他们发现给定$PM_{2.5}$污染冲击，会持续并且显著地增加家庭电力消费。$PM_{2.5}$浓度每增加一个单位，会导致小时平均电力消费量增加0.15%。Yi等（2020）利用中国劳动力动态调查数据（2013年和2015年）研究空气污染对家庭电力消费的影响，他们发现空气污染对电力消费有显著的正向影响。

口罩是人们面对空气污染所采取的另一种规避行为（Ito et al.，2020），人们通过口罩的使用增加户外活动，减少室内停留的时间，进而影响了家庭电力消费。

第二，可能存在潜在的反向因果问题。电力消费需求更高的城市，可能面临更大的电力供给压力，因而可能拥有更高的城市发电量，而火力发电是发展中国家空气污染物的主要来源之一（Tian et al.，2007；Zhu et al.，2014），因此，城市电力消费的提高可能会导致空气污染的加剧。

第三，空气污染可以同时影响电力需求端和供给端，本章使用简约式模型对电力需求函数进行估计会产生偏误。例如，为了应对碳排放导致的全球气候变暖，近年来中国大力推广光伏发电，并承诺在2030年光伏发电占总发电量的比例会达到10%（Li et al.，2017）。PM_{10}会吸收和散射太阳辐射能，如果气溶胶层很厚的话，大量的太阳辐射能在落到太阳能发电板上之前就被损耗掉了，因此空气污染对电力供给有负面影响（Li et al.，2017；Sweerts et al.，2019）。

为了解决内生性问题，本章使用工具变量和两阶段最小二乘法估计空气污染对城市活跃用户平均电力消费的影响。[①]文献中通常利用日度风向的随机性来构造空气污染的工具变量（Zheng et al.，2014；Schlenker and Walker，2016；He et al.，2020）。本章挑选风从附近城市吹往目标城市的子样本，分别使用附近城市的AQI、$PM_{2.5}$浓度、PM_{10}浓度作为目标城市的AQI、$PM_{2.5}$浓度、PM_{10}浓度的工具变量。这个工具变量恰好满足了工具变量的两个条件：相关性和外生性。科学文献表明空气污染物会随风飘移到数百千米以外的地方（EPA，

① CEPRI将日电力消费量高于5度的家庭定义为活跃用户，因为他们认为活跃用户的用电量能更真实地反映家庭的电力消费状况。例如，一个家庭周末出去旅游，但家庭用电量可能并不是0，因为一些会持续耗电的电器（例如电冰箱）并不会因为短期出行而被关闭，但这类居民日用电量通常小于5度，因此被定义为非活跃用户。

1996；Wilkening et al.，2000），因此附近城市的空气污染物浓度会影响目标城市的空气污染物浓度；同时，由于每日的风向是随机的，附近城市的空气污染物浓度只能通过污染物飘移影响本地的空气污染物浓度进而影响本地城市的电力消费，它对于本地城市其他影响电力消费的因素而言都是外生的。

本章的研究表明，AQI每增加1单位或PM_{10}浓度每增加1微克/立方米，会导致城市活跃用户每天的平均电力消费分别增加0.0076 kWh或0.0097 kWh。$PM_{2.5}$浓度的效应在统计上不显著，这可能是因为中国2018—2019年的主要污染物为PM_{10}。[①]

为了便于与现有研究对比分析，本章将估计的结果标准化，即AQI和PM_{10}浓度每增加一个标准差，会导致城市活跃用户每天的平均电力消费分别增加0.33 kWh（或2.5%）和0.55 kWh（或4.1%）。美国亚利桑那州凤凰城的证据表明，PM_{10}浓度每增加一个标准差会导致家庭每日平均电力消费增加0.32 kWh（或0.85%）（He et al.，2020）。[②]

最后，本章计算了清洁空气的支付意愿和空气污染带来的额外损失。研究发现，家庭用户每年愿意为清洁空气多支付91元电费。如果空气质量达到WHO标准，全国每年平均电力消费则会减少671.6亿kWh，这意味着全国居民家庭每年可以少支付364亿元电费。

本章的研究主要有三个贡献：第一，本章首次使用中国城市日度家庭电力消费数据估计了空气污染对城市家庭电力消费的影响，提供了污染相对严重的发展中国家的证据。

第二，本章的研究丰富了空气污染导致人们规避行为的文献。现有文献主要提供了空气污染导致人们减少出行的直接证据（Graff

① 在本章的样本里（97 851个），PM_{10}浓度的范围是2~1 588，均值为76。$PM_{2.5}$浓度的范围是1~536，均值为41。其中，96 837个观测值报告的当日主要污染物为PM_{10}，占全部观测值的98.9%。由此可见，中国城市的主要空气污染物是PM_{10}。

② 韩国的证据并没有报道PM_{10}浓度对家庭日度平均电力消费的影响，因而无法比较。

Zivin and Neidell, 2009; Noonan, 2014; Ward et al., 2015; Saberian et al., 2017)，本章的研究表明空气污染会导致人们更多地停留在室内，从另一个角度提供了证据。

第三，本章的研究丰富了清洁空气支付意愿相关的文献。现有文献估计了清洁空气的支付意愿，但主要集中于发达国家。Ito 等（2020）提供了仅有的中国的证据，但他们仅仅估计了空气净化器的购买对应的支付意愿。本章的研究从家庭电力消费的角度出发，估计了空气污染使得人们更长时间停留在室内所导致的整体电力消耗成本，这个成本可以更全面地反映中国家庭对于空气污染的支付意愿。

本章剩余部分组织如下：7.2 节介绍本章使用的数据和主要变量；7.3 节介绍识别策略和主要实证结果；7.4 节是结论。

7.2 数据和变量

本章使用中国 143 个地级及以上城市 2018 年 1 月 1 日至 2019 年 12 月 31 日的日度数据研究空气污染对城市居民电力消费的影响。具体包括以下 4 个数据集：城市居民日度电力消费数据集、空气质量数据集、气象条件数据集以及风向数据集。

7.2.1 城市居民日度电力消费数据集

城市居民日度电力消费数据集来自国家电网中国电力科学研究院（China Electric Power Research Institute, CEPRI）。国家电网及其各省、区、市的电力分公司是中国家庭电力的主要供给单位。CEPRI的电力消费原始数据采集自各地供电分公司在用户家庭安装的智能电表，这些智能电表会记录每个家庭每天的电力消费量。CEPRI向笔者提供了2018年1月1日至2019年12月31日的县级电力消费数据，这些数据来自各县供电分公司对各自辖区智能电表电力消费数据的加总。该数据集主要包括如下变量：活跃用户数、活跃用户日度电力消费量、非活跃用户数、非活跃用户日度电力消费量、总用户数以及用户总日度电力消费量。CEPRI将日电力消费量高于5度的家庭定义为活跃用户，因为他们认为活跃用户的用电量能更真实地反映家庭的电力消费状况。例如，一个家庭周末出去旅游，但家庭用电量可能并不是0，因为一些会持续耗电的电器（如电冰箱）并不会因为短期出行而被关闭，但这类居民日用电量通常小于5度，因此被定义为非活跃用户。

基于本章的研究问题，本章把数据加总到城市层面。本章使用活跃居民日度平均电力消费量这个指标作为被解释变量，用来衡量城市居民的日度平均电力消费水平。

本章没有使用城市居民的总用电量作为被解释变量，主要有两个原因。

第一，使用总用电量指标会存在较大的测量误差。测量误差主要来自智能电表的数据缺失，例如，辽宁省的城市总用电量的数据可信度并不高，因为下属各县分公司的数据存在比较严重的缺失，有些县缺失比例甚至高达20%，这导致加总后的电力消费并不可信。如果使用居民的日度平均用电量，则能比较好地解决这个问题。

第二，使用总用电量指标会加剧一些不可观测的因素对模型估计结果的影响。例如，短期移民可能会对估计结果产生较大影响。与工作日相比，节假日和周末时空气污染对城市电力消费的影响是不同的。因为人们很可能去其他城市旅行，从而导致本地总用电量的减少，即使本地的空气污染物浓度很高。同时，更高的空气污染物浓度，可能在较长的假期里促使人们通过去外地旅行这一方式来避免暴露在本地空气污染中，因为他们并不愿意长时间留在家里。即使本章可以在模型中控制节假日和周末的影响，也并不能完全消除这部分因素对估计结果带来的影响。如果使用活跃居民的平均用电量，则可以较好地避免这类问题，因为这个指标是随着城市居民的迁入和移出动态变化的，如果一个家庭在假期出去旅游，那么在那些天该家庭就会被计入非活跃用户，从而可以完全排除短期移民对估计结果带来的干扰。

7.2.2 空气质量数据集

空气质量数据包括全国各城市每日空气质量指数（AQI）、主要污染物浓度和空气质量水平的详细信息。本章用生态环境部发布的每日空气质量指数来衡量空气质量。AQI是度量环境空气质量的整体指标，数值由0至500不等，数值越高，表示空气质量越差。AQI的计算取决于不同污染物的浓度，包括可吸入颗粒物（PM_{10}）、细颗粒物（$PM_{2.5}$）、二氧化氮（NO_2）、二氧化硫（SO_2）、一氧化碳（CO）和臭氧（O_3）。AQI分别计算上述所有污染物的数值，并报告其中的最大值。样本中AQI的范围是10~500，均值为80。

由于AQI是中国特有的空气质量衡量指标，为了便于将本章的估计结果与现有的研究对比，本章同时选择了PM_{10}浓度和$PM_{2.5}$浓度作为空气质量的衡量指标。在本章的样本里（97 851个），PM_{10}浓度的范围是2~1 588，均值为76。$PM_{2.5}$浓度的范围是1~536，均值为41。其中，9 6837个观测值报告的当日主要污染物为PM_{10}，占全部观测值的98.96%。由此可见，中国城市的主要空气污染物是PM_{10}。

7.2.3 气象数据集

本章使用的气象数据集与第4章相同，这里不再赘述。主要变量的描述性统计见表7-1。

表 7-1 **主要变量的描述性统计**

变量	观测值	均值	标准差	最小值	最大值
地级市家庭电力消费（kWh）	97 851	13.45	8.76	5.08	135.85
城镇家庭电力消费（kWh）	97 498	13.7	8.17	5.08	122.32
农村家庭电力消费（kWh）	96 188	12.81	9.06	5.33	141.59
PM_{10}浓度	97 770	75.97	57.22	2	1 588
$PM_{2.5}$浓度	97 851	41.49	33.56	1	536
AQI	97 851	79.94	43.90	10	500
平均温度（°C）	97 851	13.87	11.46	−33.56	35.11
平均风速（m/s）	97 851	5.05	2.77	0	42.1
平均降雨量（inch）	97 851	0.12	0.36	0	10.71
相对湿度	97 851	64.54	20.32	5.42	117.15
周末哑变量	97 851	0.27	0.44	0	1
节假日哑变量	97 851	0.08	0.27	0	1
HDD（°C）	97 851	0.04	0.25	0	5.11
CDD（°C）	97 851	1.75	4.55	0	38.56

7.3 识别策略和实证结果

7.3.1 基准模型

本章使用固定效应面板数据模型估计空气污染对城市活跃居民平均电力消费的影响。模型设定如下：

$$\begin{aligned} Ele_{id} = {} & \alpha_0 + \alpha_1 Pollution_{id} + \beta Weather_{id} + \alpha_2 Holiday_d + \\ & \alpha_3 Weekend_d + \gamma_y + \delta_i + \theta_{ym} + \sigma_{yi} + \varepsilon_{id} \end{aligned} \tag{7.1}$$

其中，Ele_{id}为被解释变量，它表示城市i第d天的活跃用户平均电力消费量。$Pollution_{id}$是解释变量，它表示城市i第d天的空气质量水平，这里分别用三个变量来衡量，包括AQI、PM_{10}浓度和$PM_{2.5}$浓度。$Weather_{id}$为气象条件变量，包括日度平均温度、平均温度的平方[①]、平均风速、平均降雨量以及平均湿度。$Holiday_d$和$Weekend_d$分别表示节假日和周末哑变量。正如前面讨论过的，周末或者节假日时，人们可能会选择去其他城市旅行，尤其是本地空气污染较为严重时，更有可能为了躲避空气污染而去其他空气质量更好的城市旅行，这有可能对估计结果带来偏误。即使使用活跃用户平均电力消费这个指标，依然无法完全解决上述问题[②]，因此本章在基准模型中控制了节假日和周末哑变量。ε_{id}是误差项。

进一步，本章在模型中控制了四种固定效应。为了避免不同城市不随时间变化的不可观测的因素对估计结果带来干扰，本章在所有回归中控制了城市固定效应δ_i。本章同时控制了年固定效应γ_y，因为本章担心一些对全体样本的冲击，例如2018年底第四次全国电价调整，可能会导致估计不准确。为了进一步控制2018年底第四次全国电价调整对估计结果带来的影响，本章控制了省份和年份的交互固定效应σ_{yi}，因为这个冲击对不同的省而言并不相同。最后还控制了年份和月份的交互固定效应θ_{ym}，以控制一些不可观测的不随城市变化但是会随着时间变化的周期性因素对城市活跃居民平均电力消费的影响，例如季节效应。为了解决潜在的异方差和序列相关问题，所有回归的标准误均聚类在城市层面。

表7-2报告了空气污染对城市活跃居民平均电力消费的影响的基准回归结果。其中第（1）列报告了AQI对城市活跃居民平均电力消

① 本章仿照Eom等（2020）的做法在基准模型中控制了温度和温度的平方，同时在稳健性检验部分报告了只控制温度以及只控制HDD和CDD（He et al.，2020）的结果。

② 例如，节假日其他家庭成员出行时，很多老人因为行动不便，便独自待在家里，这导致本章可能观测到高的空气污染和低的活跃用户平均电力消费。

费的回归结果，第（2）列报告了AQI对城市活跃居民平均电力消费对数的回归结果。第（3）列和第（4）列分别报告了PM_{10}浓度对城市活跃居民平均电力消费及其对数的回归结果。第（5）列和第（6）列则报告了$PM_{2.5}$浓度对城市活跃居民平均电力消费及其对数的回归结果。所有回归中均控制了日度平均温度、平均温度的平方、平均风速、平均降雨量以及平均湿度这4个天气条件变量。

表7-2第（1）列和第（2）列的结果表明，AQI每增加一个单位，会导致城市活跃居民平均电力消费增加0.0037 kWh，或者说导致城市活跃居民平均电力消费增加0.03%。第（3）列和第（4）列的结果表明，PM_{10}浓度每增加一个单位，会导致城市活跃居民平均电力消费增加0.0039 kWh，或者说导致城市活跃居民平均电力消费增加0.02%。第（5）列和第（6）列的结果表明，$PM_{2.5}$浓度每增加一个单位会导致城市活跃居民平均电力消费增加0.0032 kWh，或者说导致城市活跃居民平均电力消费增加0.03%。结果表明，空气污染加重确实会显著提高城市的电力消费水平。

表7-2　　**空气污染对城市活跃居民平均电力消费的影响**

	(1)	(2)	(3)	(4)	(5)	(6)
变量	Ele	Log（Ele）	Ele	Log（Ele）	Ele	Log（Ele）
AQI	0.0037^{***}	0.0003^{***}				
	(0.0012)	(0.0000)				
PM_{10}浓度			0.0039^{***}	0.0002^{***}		
			(0.0012)	(0.0000)		
$PM_{2.5}$浓度					0.0032^{*}	0.0003^{***}
					(0.0019)	(0.0001)
温度	-0.0769^{**}	-0.0044^{***}	-0.0775^{**}	-0.0043^{***}	-0.0739^{**}	-0.0043^{***}
	(0.0346)	(0.0015)	(0.0350)	(0.0015)	(0.0345)	(0.0015)

续表

变量	(1) Ele	(2) Log (Ele)	(3) Ele	(4) Log (Ele)	(5) Ele	(6) Log (Ele)
温度的平方	0.0025**	0.0001**	0.0027**	0.0001**	0.0026**	0.0001**
	(0.0011)	(0.0001)	(0.0011)	(0.0001)	(0.0011)	(0.0001)
风速	0.0430***	0.0032***	0.0414**	0.0030***	0.0425***	0.0033***
	(0.0159)	(0.0008)	(0.0159)	(0.0008)	(0.0159)	(0.0008)
降雨量	-0.1252	-0.0137***	-0.1312	-0.0147***	-0.1386*	-0.0143***
	(0.0794)	(0.0033)	(0.0819)	(0.0034)	(0.0789)	(0.0033)
湿度	-0.0021	-0.0003**	-0.0016	-0.0003**	-0.0031	-0.0004***
	(0.0042)	(0.0001)	(0.0042)	(0.0001)	(0.0041)	(0.0001)
周末哑变量	0.0516	0.0028*	0.0526*	0.0030*	0.0532*	0.0028*
	(0.0317)	(0.0017)	(0.0310)	(0.0016)	(0.0316)	(0.0017)
节假日哑变量	-0.2035**	-0.0069**	-0.1915**	-0.0065*	-0.2056**	-0.0070**
	(0.0789)	(0.0035)	(0.0768)	(0.0034)	(0.0797)	(0.0035)
城市 FE	Yes	Yes	Yes	Yes	Yes	Yes
省份-年 FE	Yes	Yes	Yes	Yes	Yes	Yes
年-月 FE	Yes	Yes	Yes	Yes	Yes	Yes
常数项	13.3160***	2.5031***	13.2618***	2.5062***	13.4686***	2.5122***
	(0.6096)	(0.0205)	(0.6169)	(0.0206)	(0.6067)	(0.0202)
样本量	97 851	97 851	97 851	97 851	97 851	97 851
R^2	0.412	0.585	0.412	0.585	0.412	0.585

注：*、**和***分别表示10%、5%和1%的显著性水平（下同）。第（1）列、第（3）列和第（5）列的被解释变量为城市活跃家庭日度平均电力消费量，第（2）列、第（4）列和第（6）列为该消费量的自然对数。如果没有特殊说明，本章所有回归估计的标准误均聚类到城市层面。

然而，使用固定效应面板模型并且控制上述诸多固定效应以控制不可观测的因素对模型估计结果的影响，并不能完全解决潜在的内生性问题对模型估计结果带来的偏误。

额外的内生性问题主要有三个：

一是遗漏变量问题。例如，本章遗漏了口罩消费量这一重要变量，因为使用PM_{10}防护口罩或$PM_{2.5}$防护口罩是人们面对空气污染所采取的另一种规避行为（Ito et al.，2020），人们通过口罩的使用增加户外活动，减少室内停留的时间，进而影响了家庭电力消费。

二是可能存在潜在的反向因果问题。电力消费需求更高的城市，可能面临更大的电力供给压力，因而可能拥有更高的城市发电量，而火力发电是发展中国家空气污染物的主要来源之一（Tian et al.，2007；Zhu et al.，2014），因此，城市电力消费的提高可能会导致空气污染的加剧。

三是空气污染可以同时影响电力需求端和供给端，使用简约式模型对电力需求函数进行估计会产生偏误。

为了解决潜在的内生性问题，本章使用工具变量和两阶段最小二乘法估计空气污染对城市活跃用户平均电力消费的影响。

文献中通常利用日度风向的随机性来构造空气污染的工具变量（Zheng et al.，2014；Schlenker and Walker，2016；Cheung et al.，2020）。具体地，本章挑选风从附近城市吹往目标城市的子样本，使用附近城市的AQI作为目标城市的AQI的工具变量，使用附近城市的PM_{10}浓度作为目标城市PM_{10}浓度的工具变量，使用附近城市的$PM_{2.5}$浓度作为目标城市$PM_{2.5}$浓度的工具变量。

可以通过图7-1可更为直观地了解工具变量的构造。其中，A为中心城市，其主导风向为正南风。如果中心城市A的主导风向与邻近城市B的夹角θ小于180度，则认为城市B的污染物会飘向城市A，基于此本章用城市B的污染物浓度（或空气质量）作为城市A的污染物浓度（或空气质量）的工具变量。

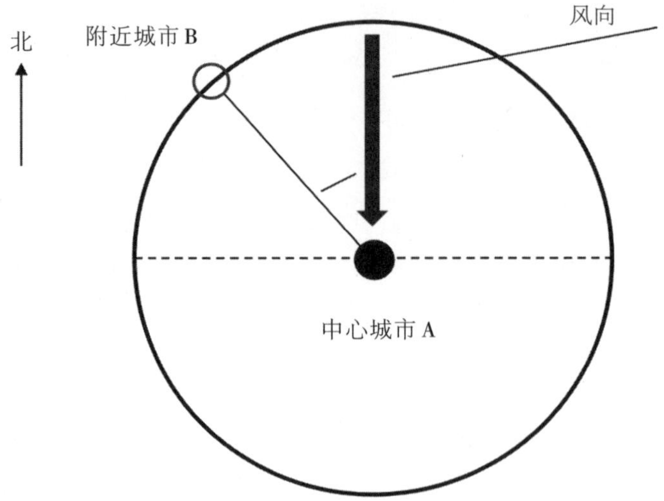

图7-1　工具变量构造图示

两阶段最小二乘法模型设定如下：

第一阶段：

$$
\begin{aligned}
Pollution_{id} = {} & \alpha_0 + \alpha_1 * Nearbypollution_{id} * 1(0 \leqslant Angle_{id} \leqslant 180) + \\
& \beta * Weather_{id} + \alpha_2 * Holiday_d + \alpha_3 * Weekend_d + \\
& \gamma_y + \delta_i + \theta_{ym} + \sigma_{yi} + \varepsilon_{id}
\end{aligned}
\tag{7.2}
$$

第二阶段：

$$
\begin{aligned}
Ele_{id} = {} & \alpha_0 + \alpha_1 * \widehat{Pollution_{id}} + \beta * Weather_{id} + \alpha_2 * Holiday_d + \\
& \alpha_3 * Weekend_d + \gamma_y + \delta_i + \theta_{ym} + \sigma_{yi} + \varepsilon_{id}
\end{aligned}
\tag{7.3}
$$

其中，$Nearbypollution_{id}$表示目标城市i的附近城市的空气质量，本章选取风从附近城市吹往目标城市时离目标城市最近的那个城市的空气质量指标作为工具变量。本章依然使用3个指标来衡量，即使用附近城市的AQI作为目标城市AQI的工具变量，使用附近城市的PM_{10}浓度作为目标城市PM_{10}浓度的工具变量，使用附近城市$PM_{2.5}$浓度作为目标城市$PM_{2.5}$浓度的工具变量。$Angle_{id}$表示附近城市的风吹往目标城市的夹角。其他变量的设定同模型（7.1）。为了尽可能保留观测值，本章将夹角定为180度。此外，本章也尝试了选择90度夹角进行估计作为稳健性检验。

表7-3报告了两阶段最小二乘法的回归结果。[①]Panel A第（1）列至第（3）列为第一阶段回归，结果表明当风从附近城市吹往目标城市时，目标城市的AQI、PM_{10}浓度和$PM_{2.5}$浓度分别与附近城市的AQI、PM_{10}浓度和$PM_{2.5}$浓度显著正相关，同时K-P F统计量拒绝了弱工具变量假设。[②]Panel B第（1）列至第（3）列为第二阶段回归结果。结果表明，AQI每增加一个单位，会导致每日城市活跃居民平均电力消费增加0.0076 kWh；PM_{10}浓度每增加1微克/立方米，会导致每日城市活跃居民平均电力消费增加0.0097 kWh；$PM_{2.5}$浓度的估计结果在统计上不显著，但系数符合仍然为正，即$PM_{2.5}$浓度每增加1微克/立方米会导致城市活跃居民每日平均电力消费增加0.0003 kWh。Panel C的第（4）列至第（6）列报告了相应的半弹性模型的结果，即AQI每增加一个单位，会导致每日城市活跃居民平均电力消费增加0.04%；PM_{10}浓度每增加1微克/立方米，会导致每日城市活跃居民平均电力消费增加0.04%；$PM_{2.5}$浓度每增加1微克/立方米，会导致每日城市活跃居民平均电力消费增加0.02%。工具变量回归的结果与基准回归的结果是一致的。

表7-3　**空气污染对城市活跃居民平均电力消费的影响（2SLS）**

Panel A	一阶段回归结果		
变量	（1）AQI	（2）PM_{10}浓度	（3）$PM_{2.5}$浓度
邻近城市AQI	0.5261***		
	（0.0163）		
邻近城市PM_{10}浓度		0.5187***	
		（0.0234）	
邻近城市$PM_{2.5}$浓度			0.5652***
			（0.0185）
样本量	95 997	95 863	95 997
R^2	0.534	0.558	0.608
K-P F统计量	1037.83	492.54	933.21

① 使用工具变量时，损失了少部分观测值，因此本章使用工具变量回归对应的观测值重新估计了基准模型，估计结果与基准回归基本相同。

② 本章的实证模型和结果均与现有文献一致，也报告了比较大的F统计量。He等（2020）报告的F统计量为49 475，Eom等（2020）报告的F统计量为808.5。

续表

Panel B	二阶段回归结果		
变量	（1）Ele	（2）Ele	（3）Ele
AQI	0.0076***		
	(0.0024)		
PM_{10}浓度		0.0097***	
		(0.0027)	
$PM_{2.5}$浓度			0.0003
			(0.0026)
温度	-0.0823**	-0.0866**	-0.0694**
	(0.0363)	(0.0367)	(0.0348)
温度的平方	0.0024**	0.0027**	0.0026**
	(0.0011)	(0.0011)	(0.0011)
风速	0.0493***	0.0475***	0.0387**
	(0.0158)	(0.0165)	(0.0165)
降雨量	-0.0944	-0.0970	-0.1587**
	(0.0874)	(0.0875)	(0.0791)
湿度	-0.0016	-0.0001	-0.0028
	(0.0043)	(0.0044)	(0.0043)
周末哑变量	0.0452	0.0476	0.0597*
	(0.0319)	(0.0311)	(0.0334)
节假日哑变量	-0.2048***	-0.1739**	-0.2177***
	(0.0772)	(0.0718)	(0.0814)
城市 FE	Yes	Yes	Yes
省份-年 FE	Yes	Yes	Yes
年-月 FE	Yes	Yes	Yes
样本量	95 997	95 997	95 863
R^2	0.165	0.264	0.165

续表

Panel C	二阶段回归结果		
变量	（4）Log（Ele）	（5）Log（Ele）	（6）Log（Ele）
AQI	0.0004***		
	（0.0001）		
PM_{10}浓度		0.0004***	
		（0.0001）	
$PM_{2.5}$浓度			0.0002*
			（0.0001）
温度	-0.0046***	-0.0046***	-0.0041***
	（0.0015）	（0.0015）	（0.0015）
温度的平方	0.0001**	0.0001***	0.0001**
	（0.0001）	（0.0001）	（0.0001）
风速	0.0035***	0.0033***	0.0032***
	（0.0008）	（0.0008）	（0.0008）
降雨量	-0.0128***	-0.0136***	-0.0151***
	（0.0037）	（0.0036）	（0.0034）
湿度	-0.0003**	-0.0003*	-0.0004***
	（0.0001）	（0.0002）	（0.0001）
周末哑变量	0.0026	0.0029*	0.0031*
	（0.0017）	（0.0016）	（0.0017）
节假日哑变量	-0.0071**	-0.0060*	-0.0075**
	（0.0034）	（0.0033）	（0.0035）
城市 FE	Yes	Yes	Yes
省份-年 FE	Yes	Yes	Yes
年-月 FE	Yes	Yes	Yes
样本量	95 997	95 863	95 997
R^2	0.264	0.263	0.264

为了便于比较，本章将估计的结果进行标准化。

表7-1报告了相关空气污染指标的均值和标准差。AQI的均值和标准差分别为79.94和43.90，PM_{10}浓度的均值和标准差分别为75.97和57.22，$PM_{2.5}$浓度的均值和标准差分别为41.49和33.56。经过换算，基准回归表明，AQI每提高一个标准差，会导致城市活跃居民平均电力消费增加0.33kWh，或2.5%；PM_{10}浓度每提高一个标准差，会导致城市居民平均电力消费增加0.55kWh，或4.1%。结果表明，空气污染增加确实会显著提高城市的电力消费水平。

研究表明人们会对空气污染播报做出反应（Cutter and Neidell，2009；Zivin and Neidell，2009；Neidell，2009；Saberian，2017；Barwick et al.，2018）。中国自2013年开始报告日度空气质量指数（AQI）。AQI取值范围是0~500，共分为六级，数值越大表示污染物浓度越高，对人的健康的有害影响也就越大（AQI等级划分详见表6-5）。AQI在0~50之间，表示空气质量良好，对健康没有影响；AQI在150以上，即表示出现中度空气污染，会对健康人群产生较为严重的影响。本章认为，人们会对每日播报的AQI等级做出反应。当播报的AQI等级较高，即污染比较严重时，人们将更不愿意暴露在空气污染中，从而更多地待在家中，导致更高的家庭电力消费。表7-4报告了这一结果。表7-4中所有计量模型均控制了天气条件变量，包括平均温度、温度的平方、平均降雨量、平均风速和相对湿度。同时，还控制了周末哑变量和节假日哑变量。本章还控制了和基准回归相同的固定效应，包括年固定效应、城市固定效应、年和省份的交互固定效应以及年和月份的交互固定效应，用来控制不可观测的异质性对估计结果的影响。同样的，所有的回归的标准误均聚类到城市层面。表7-4第（1）列和第（2）列选择AQI≤50的样本作为基准组，结果表明，当AQI播报等级为良（AQI在50~100之间）和轻度污染（AQI在100~

150之间）时，系数均无统计显著性，这表明较好的空气质量播报不会引致人们的污染规避行为，从而不会导致城市平均活跃用户电力消费的上升。当AQI播报等级为中度污染（AQI在150~200之间）及以上时，系数为正并且显著性提高（系数为正意味着更高等级AQI播报会导致更高的电力消费）。第（3）列和第（4）列将AQI≤100的样本作为对照组（即将“蓝天日”作为基准组），这个关系则更为明显：当AQI播报等级为中度污染（AQI在150到200之间）时系数已经显著为正，同时系数随着播报等级的增加而增大。这表明，与AQI播报等级为优的情况相比，当AQI播报等级超过中度污染时，人们会更有动机采取污染规避行为，减少户外活动，使得家庭电力消费的显著增加。同时，这个效应会随着AQI播报的污染等级的提高而加剧。

表7-4　　**AQI播报等级对活跃居民电力消费的影响**

变量	（1）	（2）	（3）	（4）
	Ele	Log（Ele）	Ele	Log（Ele）
50<AQI≤100	−0.2189	−0.0067		
	（0.1455）	（0.0044）		
100<AQI≤150	−0.0859	0.0059	0.1053	0.0117***
	（0.1887）	（0.0068）	（0.1072）	（0.0044）
150<AQI≤200	0.2308	0.0279***	0.4275***	0.0339***
	（0.2162）	（0.0084）	（0.1616）	（0.0066）
200<AQI≤300	0.3781	0.0396***	0.5704**	0.0455***
	（0.2526）	（0.0107）	（0.2365）	（0.0095）
AQI>300	2.4121***	0.1184***	2.6028***	0.1242***
	（0.6862）	（0.0245）	（0.6938）	（0.0250）

续表

变量	(1)	(2)	(3)	(4)
	Ele	Log (Ele)	Ele	Log (Ele)
温度	−0.0718**	−0.0042***	−0.0742**	−0.0043***
	(0.0348)	(0.0015)	(0.0343)	(0.0015)
温度的平方	0.0026**	0.0001**	0.0026**	0.0001**
	(0.0011)	(0.0001)	(0.0011)	(0.0001)
风速	0.0345**	0.0029***	0.0389**	0.0030***
	(0.0155)	(0.0008)	(0.0162)	(0.0008)
降雨量	−0.1626**	−0.0153***	−0.1420*	−0.0147***
	(0.0716)	(0.0032)	(0.0791)	(0.0033)
湿度	−0.0037	−0.0004***	−0.0028	−0.0004**
	(0.0039)	(0.0001)	(0.0041)	(0.0001)
周末哑变量	0.0531*	0.0028*	0.0515	0.0028
	(0.0320)	(0.0017)	(0.0319)	(0.0017)
节假日哑变量	−0.2110***	−0.0073**	−0.2034**	−0.0070**
	(0.0786)	(0.0035)	(0.0787)	(0.0035)
城市 FE	Yes	Yes	Yes	Yes
省份–年 FE	Yes	Yes	Yes	Yes
年–月 FE	Yes	Yes	Yes	Yes
常数项	13.7461***	2.5258***	13.5619***	2.5202***
	(0.5613)	(0.0198)	(0.6072)	(0.0205)
样本量	97 859	97 859	97 859	97 859
R^2	0.413	0.585	0.412	0.585

7.3.2 异质性分析

1）城镇居民和农村居民

表7-5报告了空气污染对城镇活跃居民平均电力消费和农村活跃居民平均电力消费的影响。其中，第（1）、（3）、（5）列被解释变量为城镇活跃居民平均电力消费，第（2）、（4）、（6）列被解释变量为城镇活跃居民平均电力消费的对数。第（1）列和第（2）列解释变量为AQI，第（3）列和第（4）列解释变量为PM_{10}浓度，最后两列解释变量为$PM_{2.5}$浓度，其他设定与基准回归相同。本章发现，空气污染程度的上升显著提高了城镇活跃居民和农村活跃居民的平均电力消费，即AQI每增加一个单位，会导致城镇活跃居民平均电力消费增加0.0040 kWh，导致农村活跃居民平均电力消费增加0.0026 kWh。PM_{10}浓度每增加1微克/立方米，会导致城镇活跃居民平均电力消费增加0.0030 kWh，导致农村活跃居民平均电力消费增加0.0037 kWh。$PM_{2.5}$浓度每增加1微克/立方米，会导致城镇活跃居民和农村活跃居民平均电力消费分别增加0.0027kWh和0.0025kWh。

表7-5　　空气污染对城镇居民和农村居民电力消费的影响

变量	（1）Urban	（2）Rural	（3）Urban	（4）Rural	（5）Urban	（6）Rural
	Ele	Ele	Ele	Ele	Ele	Ele
AQI	0.0040***	0.0026**				
	（0.0011）	（0.0012）				
PM_{10}浓度			0.0030***	0.0037***		
			（0.0011）	（0.0013）		
$PM_{2.5}$浓度					0.0027	0.0025
					（0.0019）	（0.0022）

续表

变量	(1) Urban	(2) Rural	(3) Urban	(4) Rural	(5) Urban	(6) Rural
	Ele	Ele	Ele	Ele	Ele	Ele
温度	-0.0288	-0.1366***	-0.0273	-0.1389***	-0.0247	-0.1347***
	(0.0324)	(0.0383)	(0.0333)	(0.0386)	(0.0324)	(0.0383)
温度的平方	0.0011	0.0040***	0.0012	0.0041***	0.0012	0.0041***
	(0.0014)	(0.0011)	(0.0014)	(0.0012)	(0.0014)	(0.0011)
风速	0.0538***	0.0286*	0.0508***	0.0284*	0.0520***	0.0285*
	(0.0174)	(0.0168)	(0.0170)	(0.0170)	(0.0174)	(0.0170)
降雨量	-0.2687***	-0.0705	-0.2827***	-0.0688	-0.2879***	-0.0790
	(0.0663)	(0.0637)	(0.0690)	(0.0645)	(0.0650)	(0.0595)
湿度	-0.0038	-0.0028	-0.0036	-0.0022	-0.0048	-0.0036
	(0.0032)	(0.0049)	(0.0033)	(0.0050)	(0.0033)	(0.0048)
周末哑变量	0.0484	0.0390	0.0506	0.0385	0.0515	0.0397
	(0.0428)	(0.0266)	(0.0418)	(0.0265)	(0.0433)	(0.0262)
节假日哑变量	-0.1939**	-0.1475**	-0.1858**	-0.1347*	-0.1972**	-0.1485**
	(0.0856)	(0.0744)	(0.0834)	(0.0721)	(0.0866)	(0.0749)
城市 FE	Yes	Yes	Yes	Yes	Yes	Yes
省份-年 FE	Yes	Yes	Yes	Yes	Yes	Yes
年-月 FE	Yes	Yes	Yes	Yes	Yes	Yes
常数项	13.4006***	13.2262***	13.4328***	13.1154***	13.5890***	13.3318***
	(0.4358)	(0.6489)	(0.4405)	(0.6575)	(0.4257)	(0.6425)
样本量	97 498	96 188	97 417	96 107	97 498	96 188
R^2	0.436	0.489	0.436	0.489	0.436	0.489

为什么农村居民的电力消费也会对空气污染的变化作出反应？一个解释可能是北方农村用户在冬天时因为空气污染导致的电力消费比城市用户更多。样本期内，北方城市（具体指秦岭淮河以北）冬天取暖主要靠集中供暖，因而冬天时如果空气污染严重，人们会减少户外活动，更多地待在室内并不会增加太多的电力消费（会增加其他方面的电力消费，但不会增加供暖的电力消费）。但对于农村而言，由于集中供暖并不完善，通常采用烧散煤的方式取暖。样本期内，为了治理空气污染，政府禁止北方农村在冬季烧散煤，推行了“煤改电”政策，对北方农村冬季用电提供了大幅度补贴，每度电补贴高达50%~80%。例如，北京市2018年补贴后的电价为每度电0.2元，陕西省补贴后的电价则为0.1元。因此，当北方农村冬季空气污染严重时，农村居民增加室内活动时会导致比城市居民更多的电力消费（主要由于供暖）。

2）按城市污染严重程度分组

表7-6报告了按不同空气污染程度的城市分组的结果。本章将所有城市的平均AQI进行排位，将前1/3的城市定义为低污染城市，将中间1/3的城市定义为中度污染城市，将后1/3的城市定义为重度污染城市。结果表明，在低污染的城市里，空气污染对城市活跃居民平均电力消费的影响并不显著。在中度污染和高污染的城市里，人们才会对空气污染做出反应，并且系数随着污染程度的加剧而增大。

表7-6　　**空气污染程度不同的城市**

	（1）低污染	（2）低污染	（3）中污染	（4）中污染	（5）高污染	（6）高污染
变量	Ele	Log（Ele）	Ele	Log（Ele）	Ele	Log（Ele）
AQI	0.0002	0.0001	0.0035*	0.0002***	0.0041***	0.0002***
	（0.0021）	（0.0001）	（0.0019）	（0.0001）	（0.0013）	（0.0000）

续表

变量	(1) 低污染	(2) 低污染	(3) 中污染	(4) 中污染	(5) 高污染	(6) 高污染
	Ele	Log (Ele)	Ele	Log (Ele)	Ele	Log (Ele)
温度	0.0027	-0.0017	-0.1324	-0.0063*	-0.3653***	-0.0176***
	(0.0374)	(0.0013)	(0.0882)	(0.0038)	(0.0704)	(0.0025)
温度的平方	0.0006	0.0000	0.0076***	0.0003***	0.0103***	0.0005***
	(0.0009)	(0.0001)	(0.0026)	(0.0001)	(0.0018)	(0.0001)
风速	0.0386	0.0031***	0.0967***	0.0067***	0.0110	-0.0005
	(0.0238)	(0.0011)	(0.0293)	(0.0016)	(0.0287)	(0.0011)
降雨量	-0.1466	-0.0158***	-0.3360**	-0.0208***	0.1143	-0.0008
	(0.0914)	(0.0044)	(0.1474)	(0.0071)	(0.1241)	(0.0056)
湿度	-0.0010	-0.0006**	0.0105	0.0003	-0.0050	-0.0004*
	(0.0113)	(0.0003)	(0.0075)	(0.0003)	(0.0046)	(0.0002)
周末哑变量	0.0631	0.0073***	0.1181**	0.0048**	-0.0257	-0.0043
	(0.0394)	(0.0017)	(0.0498)	(0.0023)	(0.0784)	(0.0043)
节假日哑变量	0.1871***	0.0104***	-0.4701***	-0.0151**	-0.4389***	-0.0221***
	(0.0680)	(0.0037)	(0.1707)	(0.0067)	(0.1436)	(0.0049)
城市 FE	Yes	Yes	Yes	Yes	Yes	Yes
省份-年 FE	Yes	Yes	Yes	Yes	Yes	Yes
年-月 FE	Yes	Yes	Yes	Yes	Yes	Yes
常数项	12.5361***	2.4939***	11.8365***	2.4245***	15.4633***	2.6342***
	(1.4065)	(0.0336)	(1.1241)	(0.0427)	(0.6486)	(0.0231)
观察样本数	36 650	36 650	31 741	31 741	29 460	29 460
R^2	0.580	0.698	0.387	0.551	0.355	0.527

7.3.3 机制分析

本章希望为空气污染导致人们更多地待在家里这一假设提供更多的经验证据。空气污染会导致家庭居民产生规避行为，但在不同的日子里居民可以做出的规避行为是不同的。具体地说，工作日的时候，在白天，居民没办法通过留在家里这一手段来避免暴露在空气污染中，因为他们需要工作（Yi et al.，2020），因此空气污染只会影响居民晚上的电力消费。而周末的白天，由于假期比较短（考虑到加班，通常只有1~2天），空气污染严重时人们更有可能减少户外活动，更多地留在室内，导致整天的电力消费都会增加。表7-7报告了这一检验的结果。本章发现，在工作日的时候，空气污染增加依然会显著提高城市活跃居民平均电力消费，但这个效应要比在周末的时候小得多。AQI的工作日效应（0.0025）是周末效应（0.0077）的2/5，PM_{10}浓度的工作日效应（0.0026）只有周末效应（0.0085）的1/3[①]。表7-7的结果表明，在空气污染严重的日子里，人们确实会在室内停留更长的时间，以避免暴露在空气污染中，从而表现出更高的电力消费水平。

表7-7　**机制检验：工作日和周末空气污染对电力消费的影响**

	(1) 工作日	(2) 周末	(3) 工作日	(4) 周末	(5) 工作日	(6) 周末
变量	Ele	Ele	Ele	Ele	Ele	Ele
AQI	0.0025**	0.0077***				
	(0.0011)	(0.0023)				

① 表7-7第（2）列、第（4）列和第（6）列的回归中，本章先选择了周末的子样本，再控制了节假日哑变量，因此这里节假日哑变量只包含了周末和节假日重合的情况。它的系数显著为负，说明节假日时的周末空气污染对电力消费的正向影响显著弱于普通周末。一个合理的解释是，节假日时人们的旅游动机要强于空气污染规避的动机（一年中节假日本身就比较少，人们不大可能为了规避空气污染而避免外出旅游）。而普通周末的假期较短（很多时候还需要加班一天），并不适合旅游。人们更有可能在空气污染严重的时候选择在家休息，而不是外出。

续表

变量	(1) 工作日	(2) 周末	(3) 工作日	(4) 周末	(5) 工作日	(6) 周末
	Ele	Ele	Ele	Ele	Ele	Ele
PM_{10}浓度			0.0026***	0.0085***		
			(0.0009)	(0.0024)		
$PM_{2.5}$浓度					0.0031	0.0049**
					(0.0022)	(0.0021)
温度	-0.0733**	-0.1065***	-0.0739**	-0.1073***	-0.0721**	-0.0980***
	(0.0348)	(0.0378)	(0.0353)	(0.0380)	(0.0349)	(0.0371)
温度的平方	0.0025**	0.0032***	0.0026**	0.0035***	0.0026**	0.0033***
	(0.0011)	(0.0011)	(0.0011)	(0.0011)	(0.0011)	(0.0011)
风速	0.0316*	0.0897***	0.0303*	0.0886***	0.0327*	0.0844***
	(0.0175)	(0.0206)	(0.0176)	(0.0204)	(0.0174)	(0.0201)
降雨量	-0.1186	-0.1759**	-0.1234	-0.1848**	-0.1215	-0.2240***
	(0.1141)	(0.0788)	(0.1158)	(0.0772)	(0.1149)	(0.0718)
湿度	-0.0035	0.0013	-0.0032	0.0023	-0.0044	-0.0007
	(0.0044)	(0.0044)	(0.0044)	(0.0045)	(0.0043)	(0.0043)
节假日哑变量		-0.2717**		-0.2467**		-0.2870**
		(0.1239)		(0.1195)		(0.1276)
城市 FE	Yes	Yes	Yes	Yes	Yes	Yes
省份-年 FE	Yes	Yes	Yes	Yes	Yes	Yes
年-月 FE	Yes	Yes	Yes	Yes	Yes	Yes
常数项	13.5068***	12.7985***	13.4817***	12.6459***	13.5872***	13.1956***
	(0.6299)	(0.7137)	(0.6308)	(0.7228)	(0.6230)	(0.6902)
观察样本数	67 126	26 191	67 077	26 160	67 126	26 191
R^2	0.405	0.426	0.405	0.426	0.405	0.425

为了进一步检验“空气污染会导致家庭居民产生规避行为”这一假说，本章使用上海电信2018年10月至12月92天的手机信令数据生成了个体户外时长以检验空气污染对于居民户外时长的影响。本章使用上海电信2018年10月至12月连续92天的手机信令数据，内容包括匿名用户ID（不涉及个人信息，匿名编号）、时间戳、切换基站、位置更新及基站位置编号等信息，通过分析手机用户的时空轨迹可分析获取用户室内及室外停留时间。这些信令数据通过上海市域内约2.3万个基站对手机用户进行空间定位，空间单元精度高达314m^2（若基于三个基站的位置进行“三角定位”，则精度可进一步提升至28m^2）。

在上海市范围内数据按照以下步骤处理以识别出手机用户的室内、户外时间：

（1）选择手机用户停留于不短于15分钟的位置，将其作为进一步识别用户住址和工作单位的特征时间点。

（2）识别用户的住址。首先将用户在时段0：00—6：00出现位置认定为潜在的住址，然后进一步将样本期内80%天数该时段用户出现位置认定为真实住址。

（3）识别用户的工作单位。首先将用户在时段10：00—16：00出现的位置认定为潜在的工作单位地址，考虑到部分工作的性质，如需要经常出差等，本章将样本期内50%的天数该时段用户出现的位置认定为真实的工作单位地址。

需要说明的是，本章剔除了无法明确识别家庭住址和工作单位的样本以及夜班工作的群体。最后将住址、工作单位地址及特征时间点之间的时间间隔加总即为户外时长。

表7-8报告了相应结果。本章发现，AQI每提高100会导致居民的户外活动时长减少约20分钟。这个效应非常小，可能的原因是样本期内上海市的空气质量比较好（样本期内上海市AQI均值为43，

远低于全国平均水平——81.6)，从而平均意义上无法观测到较大的反应。

表7-8 空气污染与户外时长(2SLS)

变量	(1) 户外时长	(2) log(户外时长)
AQI	-0.0113***	-0.0005***
	(0.0021)	(0.0001)
Control	Y	Y
Individual FE	Y	Y
Day FE	Y	Y
N	4 993 388	4 993 388
R^2	0.002	0.002

7.3.4 清洁空气支付意愿的计算

样本中AQI均值为80，如果空气质量达到WHO规定的标准(AQI=20)，则城市活跃用户每日平均电力消费将会减少0.46kWh，年均电力消费会减少167.9kWh。中国居民电价一般为每度电0.542元(国家电网)，空气质量的改善将使得城市活跃用户家庭每年节省约91元电费。根据第六次全国人口普查主要数据公报，中国约有4亿家庭户，如果空气质量达到WHO标准，则全国每年电力消费将会减少671.6亿kWh，这也意味着全国家庭户每年可减少近364亿元的电费开支。

最后，本章计算了空气污染导致的电力消费增长带来的碳排放。参考何迎等(2020)的做法，本章使用国家温室气体清单指南的方法计算了2018—2019年中国电力碳排放强度，即616.71g/kWh。如果空气质量达到WHO标准，则全国电力消费将会减少125.1亿kWh，这意味着会减少776万吨电力碳排放，占中国2019年碳排放总量（98亿吨）的0.08%。

7.3.5 稳健性检验

本章在前文所有的模型中均控制了城市固定效应、年-月固定效应和省份-年固定效应，是较为严格的固定效应设定模式。本章通过控制城市固定效应来控制不可观测的不随时间变化的城市异质性对估计结果的影响，通过控制年-月固定效应来控制不可观测的不随个体变化的时间趋势性因素以及季节性变化对估计结果的影响，通过控制省份-年固定效应来控制2018年全国第四次电价调整对电力消费的影响。

已有文献中存在多种固定效应设定模式，为了检验模型的稳健性，本章尝试了多种固定效应。表7-9报告了工具变量回归的第二阶段回归结果。第（1）列控制了城市固定效应和年固定效应，第（2）列控制了城市固定效应和月份固定效应，第（3）列控制了城市固定效应和年-月固定效应，第（4）列即主回归，第（5）列则控制了年-月固定效应和城市-年份固定效应。本章发现，不管模型设定何种固定效应，估计结果都是稳健的。

表7-9 **不同固定效应的结果（2SLS）**

第二阶段回归	(1)	(2)	(3)	(4)	(5)
	Ele	Ele	Ele	Ele	Ele
AQI	0.0121***	0.0096***	0.0075***	0.0076***	0.0074***
	(0.0025)	(0.0031)	(0.0027)	(0.0024)	(0.0024)
温度	-0.1666***	-0.0936**	-0.0908**	-0.0823**	-0.0832**
	(0.0330)	(0.0368)	(0.0358)	(0.0363)	(0.0373)

续表

第二阶段回归	(1)	(2)	(3)	(4)	(5)
	Ele	Ele	Ele	Ele	Ele
温度的平方	0.0041***	0.0027**	0.0026**	0.0024**	0.0025**
	(0.0009)	(0.0011)	(0.0011)	(0.0011)	(0.0011)
风速	0.0307	0.0546***	0.0536***	0.0493***	0.0456***
	(0.0204)	(0.0193)	(0.0192)	(0.0158)	(0.0151)
降雨量	−0.1056	−0.0925	−0.1099	−0.0944	−0.1009
	(0.0782)	(0.0962)	(0.0931)	(0.0874)	(0.0765)
湿度	0.0064*	−0.0003	−0.0026	−0.0016	−0.0027
	(0.0033)	(0.0044)	(0.0042)	(0.0043)	(0.0041)
周末哑变量	0.0271	0.0438	0.0412	0.0452	0.0449
	(0.0308)	(0.0336)	(0.0314)	(0.0319)	(0.0316)
节假日	−0.3800***	−0.1569**	−0.1775**	−0.2048***	−0.2019***
	(0.0896)	(0.0662)	(0.0775)	(0.0772)	(0.0777)
城市 FE	Yes	Yes	Yes	Yes	
年份 FE	Yes				
月份 FE		Yes			
年-月 FE			Yes	Yes	Yes
省份-年 FE				Yes	
城市-年 FE					Yes
样本量	95 997	95 997	95 997	95 997	95 997
R^2	0.032	0.036	0.057	0.165	0.239

续表

第二阶段回归	(1)	(2)	(3)	(4)	(5)
	Ele	Ele	Ele	Ele	Ele
AQI	0.0121***	0.0096***	0.0075***	0.0076***	0.0074***
	(0.0025)	(0.0031)	(0.0027)	(0.0024)	(0.0024)
温度	-0.1666***	-0.0936**	-0.0908**	-0.0823**	-0.0832**
	(0.0330)	(0.0368)	(0.0358)	(0.0363)	(0.0373)
温度的平方	0.0041***	0.0027**	0.0026**	0.0024**	0.0025**
	(0.0009)	(0.0011)	(0.0011)	(0.0011)	(0.0011)
风速	0.0307	0.0546***	0.0536***	0.0493***	0.0456***
	(0.0204)	(0.0193)	(0.0192)	(0.0158)	(0.0151)
降雨量	-0.1056	-0.0925	-0.1099	-0.0944	-0.1009
	(0.0782)	(0.0962)	(0.0931)	(0.0874)	(0.0765)
湿度	0.0064*	-0.0003	-0.0026	-0.0016	-0.0027
	(0.0033)	(0.0044)	(0.0042)	(0.0043)	(0.0041)
周末哑变量	0.0271	0.0438	0.0412	0.0452	0.0449
	(0.0308)	(0.0336)	(0.0314)	(0.0319)	(0.0316)
节假日	-0.3800***	-0.1569**	-0.1775**	-0.2048***	-0.2019***
	(0.0896)	(0.0662)	(0.0775)	(0.0772)	(0.0777)
城市 FE	Yes	Yes	Yes	Yes	
年份 FE	Yes				
月份 FE		Yes			
年-月 FE			Yes	Yes	Yes
省份-年 FE				Yes	
城市-年 FE					Yes
样本量	95 997	95 997	95 997	95 997	95 997
R^2	0.032	0.036	0.057	0.165	0.239

研究发现，气温可能是电力消费最重要的影响因素，但气温对电力消费的影响不一定是线性的（Yee，1998；Hor，2005；Beccali，2008；Bessec，2008；Akil，2010）。文献中通常用两种方式控制气温：一种方式是直接控制平均温度或者温度的高次项，另一种方式是控制极端情况，因为极端高温和极端低温会大幅增加家庭电力消费（Li et al.，2018）。例如，Eom等（2020）在所有模型中均控制了气温以及气温的二次方，He等 （2020）和Yi等（2020）在所有模型中均控制了极端气温。

本章参照Eom等（2020）的做法，在所有模型中都控制了气温和气温的二次方。为了检验估计结果的稳健性，本章采取其他的气温控制方法重新估计了基准模型。

表7-10报告了工具变量回归的结果。第（1）列至第（3）列均只控制了气温的一次项，第（4）列至第（6）列则使用HDD和CDD替代气温①。回归结果表明，尝试不同的气温控制方式后，估计结果依然与基准回归结果是一致的。

表7-10 **替换温度控制变量的结果（2SLS）**

	（1）Ele	（2）Ele	（3）Ele	（4）Ele	（5）Ele	（6）Ele
变量	温度	温度	温度	极端气温	极端气温	极端气温
AQI	0.0084***			0.0062***		
	（0.0025）			（0.0024）		
PM_{10}浓度		0.0095***			0.0089***	
		（0.0027）			（0.0027）	
$PM_{2.5}$浓度			0.0005			-0.0010
			（0.0026）			（0.0025）

① HDD和CDD分别表示极端高温天气（heating degree days）和极端低温天气（colding degree days）。本章仿照He（2020）以及经验法则，当气温低于30℃时HDD取值为0，当气温高于30℃时HDD取值为平均温度减去30℃；当气温低于5℃时CDD取值为5减去平均温度，当气温高于5℃时CDD取值为0。

续表

变量	(1) Ele 温度	(2) Ele 温度	(3) Ele 温度	(4) Ele 极端气温	(5) Ele 极端气温	(6) Ele 极端气温
温度	-0.0614**	-0.0616**	-0.0457			
	(0.0305)	(0.0301)	(0.0288)			
HDD				3.0097***	3.0326***	3.0459***
				(0.2306)	(0.2349)	(0.2377)
CDD				0.0348	0.0433	0.0243
				(0.0424)	(0.0435)	(0.0407)
风速	0.0511***	0.0480***	0.0396**	0.0032***	0.0357**	0.0253*
	(0.0152)	(0.0158)	(0.0160)	(0.0008)	(0.0151)	(0.0151)
降雨量	-0.1201	-0.1350	-0.1931**	-0.0170***	0.0358	-0.0363
	(0.0851)	(0.0843)	(0.0780)	(0.0033)	(0.0899)	(0.0812)
湿度	-0.0057	-0.0049	-0.0075*	-0.0007***	0.0019	-0.0009
	(0.0041)	(0.0041)	(0.0041)	(0.0001)	(0.0036)	(0.0034)
周末哑变量	0.0411	0.0450	0.0567*	0.0029*	0.0451	0.0589*
	(0.0315)	(0.0308)	(0.0330)	(0.0017)	(0.0315)	(0.0338)
节假日哑变量	-0.1640**	-0.1311*	-0.1755**	-0.0053	-0.1445*	-0.1806**
	(0.0722)	(0.0674)	(0.0763)	(0.0033)	(0.0738)	(0.0820)
城市FE	Yes	Yes	Yes	Yes	Yes	Yes
省份-年FE	Yes	Yes	Yes	Yes	Yes	Yes
年-月FE	Yes	Yes	Yes	Yes	Yes	Yes
样本量	95 997	95 863	95 997	95 997	95 863	95 997
R^2	0.163	0.163	0.163	0.172	0.171	0.172

前文指出，本章使用180度夹角范围来定义目标城市的风是否吹向本地城市，然后挑选子样本构造工具变量。这样做的好处是可以尽可能保留观测值，但缺点是工具变量里可能会混杂较多的无效信息。

因此，本章选取了更小的风向夹角做稳健性检验。表7-11报告了选择90度风向夹角构造工具变量的估计结果，这些结果与前文是一致的。

表7-11　　　　**选择90度风向夹角作为IV（2SLS）**

第二阶段	（1）	（2）	（3）	（4）	（5）	（6）
	Ele	Log（Ele）	Ele	Log（Ele）	Ele	Log（Ele）
AQI	0.0066***	0.0003***				
	（0.0023）	（0.0001）				
PM_{10}浓度			0.0065***	0.0003***		
			（0.0022）	（0.0001）		
$PM_{2.5}$浓度					0.0044*	0.0003***
					（0.0023）	（0.0001）
温度	−0.0742**	−0.0043***	−0.0744**	−0.0041***	−0.0671**	−0.0040***
	（0.0334）	（0.0014）	（0.0340）	（0.0014）	（0.0333）	（0.0014）
温度的平方	0.0024**	0.0001**	0.0026**	0.0001***	0.0026**	0.0001***
	（0.0011）	（0.0001）	（0.0011）	（0.0001）	（0.0010）	（0.0001）
风速	0.0472***	0.0034***	0.0439***	0.0031***	0.0442***	0.0034***
	（0.0165）	（0.0008）	（0.0167）	（0.0008）	（0.0162）	（0.0008）
降雨量	−0.0927	−0.0128***	−0.1091	−0.0141***	−0.1268	−0.0139***
	（0.0872）	（0.0035）	（0.0852）	（0.0035）	（0.0824）	（0.0034）
湿度	−0.0015	−0.0003**	−0.0008	−0.0003*	−0.0032	−0.0004***
	（0.0043）	（0.0001）	（0.0044）	（0.0002）	（0.0042）	（0.0001）
周末哑变量	0.0528	0.0027	0.0545*	0.0030*	0.0579*	0.0028
	（0.0340）	（0.0017）	（0.0330）	（0.0017）	（0.0342）	（0.0017）

续表

第二阶段	(1)	(2)	(3)	(4)	(5)	(6)
	Ele	Log（Ele）	Ele	Log（Ele）	Ele	Log（Ele）
节假日哑变量	-0.2262***	-0.0081**	-0.2074***	-0.0074**	-0.2310***	-0.0082**
	(0.0800)	(0.0035)	(0.0766)	(0.0034)	(0.0816)	(0.0035)
城市FE	Yes	Yes	Yes	Yes	Yes	Yes
省份-年FE	Yes	Yes	Yes	Yes	Yes	Yes
年-月FE	Yes	Yes	Yes	Yes	Yes	Yes
观察样本数	92 196	92 196	92 196	92 196	92 196	92 196
R^2	0.168	0.270	0.168	0.269	0.168	0.270

现有文献表明空气污染物会随风飘移到数百千米以外的地方（EPA，1996；Wilkening et al.，2000），因此附近城市的空气污染物浓度会影响目标城市的空气污染物浓度，并且影响程度会随着距离的增大而降低。例如，Fu等（2019）利用中国城市的数据发现附近城市空气污染对目标城市的劳动生产率的影响会随着距离的增加而下降，当两个城市之间的距离超过1 000千米后该效应才会消失。为了尽可能保留足够的观测值，基准回归中未对城市距离做任何限制。因此，本章在这里对城市距离施加严格的限制，以检验估计结果的稳健性。

表7-12报告了这一结果。第（1）列至第（3）列剔除了目标城市和附近城市之间距离超过500千米的样本，第（4）列至第（6）列则将距离限制为400千米，第（7）列至第（9）列将距离限制为300千米，第（10）列至第（12）列将距离限制为200千米。本章发现，随着距离限制的增强，虽然样本量大为减少，但所有的结果均与基准回归一致。

表7-12　**选取工具变量时限制附近城市到目标城市的距离**

Panel A	(1) 500千米	(2) 500千米	(3) 500千米	(4) 400千米	(5) 400千米	(6) 400千米
第二阶段	Ele	Ele	Ele	Ele	Ele	Ele
AQI	0.0077***			0.0077***		
	(0.0021)			(0.0021)		
PM_{10}浓度		0.0097***			0.0100***	
		(0.0022)			(0.0022)	
$PM_{2.5}$浓度			0.0027			0.0028
			(0.0025)			(0.0025)
温度	-0.1326***	-0.1359***	-0.1231**	-0.1373***	-0.1408***	-0.1278**
	(0.0489)	(0.0490)	(0.0478)	(0.0517)	(0.0517)	(0.0505)
温度的平方	0.0056***	0.0059***	0.0058***	0.0061***	0.0063***	0.0063***
	(0.0016)	(0.0017)	(0.0016)	(0.0017)	(0.0018)	(0.0018)
风速	0.0180	0.0172	0.0093	0.0153	0.0150	0.0067
	(0.0178)	(0.0183)	(0.0191)	(0.0181)	(0.0186)	(0.0195)
降雨量	-0.0797	-0.0851	-0.1281	-0.0623	-0.0666	-0.1101
	(0.1013)	(0.1011)	(0.0925)	(0.1044)	(0.1045)	(0.0952)
湿度	0.0046	0.0060	0.0029	0.0052	0.0067	0.0035
	(0.0051)	(0.0052)	(0.0051)	(0.0051)	(0.0052)	(0.0052)
周末哑变量	0.0187	0.0209	0.0289	0.0147	0.0168	0.0245
	(0.0323)	(0.0313)	(0.0338)	(0.0327)	(0.0317)	(0.0341)
节假日哑变量	-0.1072	-0.0736	-0.1293	-0.1237	-0.0852	-0.1485
	(0.0915)	(0.0874)	(0.0976)	(0.0909)	(0.0859)	(0.0984)
城市FE	Yes	Yes	Yes	Yes	Yes	Yes
省份-年FE	Yes	Yes	Yes	Yes	Yes	Yes
年-月FE	Yes	Yes	Yes	Yes	Yes	Yes
观察样本数	76 997	76 901	76 997	75 024	74 928	75 024
R^2	0.174	0.175	0.175	0.178	0.179	0.178

续表

Panel B	(7) 300千米	(8) 300千米	(9) 300千米	(10) 200千米	(11) 200千米	(12) 200千米
第二阶段	Ele	Ele	Ele	Ele	Ele	Ele
AQI	0.0080***			0.0079***		
	(0.0022)			(0.0023)		
PM_{10}浓度		0.0106***			0.0110***	
		(0.0023)			(0.0024)	
$PM_{2.5}$浓度			0.0032			0.0030
			(0.0027)			(0.0027)
温度	-0.1331**	-0.1369***	-0.1237**	-0.1398**	-0.1440**	-0.1302**
	(0.0529)	(0.0528)	(0.0518)	(0.0613)	(0.0611)	(0.0601)
温度的平方	0.0062***	0.0065***	0.0065***	0.0068***	0.0071***	0.0071***
	(0.0019)	(0.0019)	(0.0019)	(0.0021)	(0.0021)	(0.0021)
风速	0.0114	0.0113	0.0027	0.0087	0.0089	-0.0002
	(0.0188)	(0.0192)	(0.0202)	(0.0191)	(0.0198)	(0.0206)
降雨量	-0.0565	-0.0595	-0.1048	-0.0363	-0.0362	-0.0851
	(0.1077)	(0.1077)	(0.0984)	(0.1158)	(0.1152)	(0.1055)
湿度	0.0064	0.0080	0.0047	0.0072	0.0090*	0.0055
	(0.0051)	(0.0053)	(0.0052)	(0.0053)	(0.0054)	(0.0054)
周末哑变量	0.0192	0.0219	0.0288	0.0109	0.0122	0.0210
	(0.0341)	(0.0334)	(0.0355)	(0.0316)	(0.0306)	(0.0328)
节假日哑变量	-0.1024	-0.0619	-0.1286	-0.0906	-0.0428	-0.1198
	(0.0917)	(0.0864)	(0.1004)	(0.1000)	(0.0940)	(0.1100)
城市FE	Yes	Yes	Yes	Yes	Yes	Yes

续表

Panel B	(7) 300千米	(8) 300千米	(9) 300千米	(10) 200千米	(11) 200千米	(12) 200千米
第二阶段	Ele	Ele	Ele	Ele	Ele	Ele
省份-年 FE	Yes	Yes	Yes	Yes	Yes	Yes
年-月 FE	Yes	Yes	Yes	Yes	Yes	Yes
观察样本数	72 205	72 111	72 205	68 400	68 309	68 400
R^2	0.174	0.175	0.174	0.175	0.176	0.175

8

空气污染的区域协调治理政策：粤港清洁生产伙伴计划

8.1 引言

环境科学研究表明，空气污染物可以随风飘移到很远的地方。例如，美国环保署（EPA，1996）指出，类似PM_{10}这样的细小颗粒物可以飘移到数百千米以外的地方。Wilkening等（2000）研究表明，欧亚大陆的空气污染物甚至可以横跨太平洋飘移到北美地区。Lin等（2014）使用大气化学模型（GEOS-Chem）发现中国的二氧化硫浓度的增加显著提升了美国西部地区的二氧化硫浓度。空气污染物的长距离飘移对全球大气环境的治理提出了新的挑战，因而在近年来越来越引起学者的关注。文献中将这一现象称为“跨界空气污染问题”，它主要指空气在不同行政区域的流动，导致一个区域的空气质量受周边区域影响的问题。经济合作与发展组织于1977年首次较为严格地定义了“跨界污染”的概念①。

经济学家对跨界空气污染问题的研究主要分为两类，第一类文献研究跨国空气污染问题。跨界空气污染不仅会发生在不同国家之间，也会发生在一个国家内部的不同城市之间，这是第二类文献的研究重点。例如，Chen和Ye（2017）发现中国城市之间存在很大的空气污染溢出效应：在冬季季风期，如果逆风城市的平均PM_{10}浓度增加1个单位，会导致顺风城市平均PM_{10}浓度在冬季季风期增加0.09~0.21个单位，在夏季季风期增加0.06~0.10个单位。Fu等（2019）则研究了中国城市之间的跨界污染对制造业企业生产率的影响，他们发现附近城市（50千米以内）的年均PM_{10}浓度每提高一个单位，会导致本地

① 1977年，经济合作与发展组织首次对“跨界污染”的概念给出了比较严格的定义。经济合作与发展组织指出：（跨界污染是指）“其物理来源属于、全部或者部分位于一个国家的管辖区域，但在另一个国家的国家管辖区域发生影响的任何故意或者非故意的污染”。该概念后来被学者引申用来研究跨省、跨市，抑或更小的行政区域之间的跨界污染问题。本书提及的“跨界污染”主要指跨越行政区边界的污染问题。

的制造业企业的年平均产出减少16 248元，这个效应在550~600千米时下降到了2 847元。

本章关注的跨界空气污染问题就发生在同一个国家内部不同城市之间。自20世纪90年代起，香港特别行政区（下文简称“香港”）和广东省的快速发展和城市化，使得机动车辆、发电厂、工业和建筑业排放的废气迅速增加，最终导致整个珠江三角洲区域（下文简称“珠三角区域”）的空气质量不断恶化（Lee，2002）。香港环保署发布的《香港清洁空气计划》（A Clean Air Plan For Hong Kong，2013）也指出，香港企业在珠三角区域的制造业、港口和运输业有大量的投资，该区域日益增长的经济活动导致的高排放是导致香港空气质量下降的重要原因。不仅仅是珠三角区域，香港的空气质量也受到广东省其他区域，甚至更远区域的空气污染物的影响。香港想要改善本土的空气质量，重要措施之一就是要解决跨境空气污染问题。

跨界污染问题的特殊性在于“搭便车”行为的存在。大量实证研究表明，跨越司法辖区的河流边界附近的排污存在显著的“搭便车”现象，即企业在河流上游排污，但社会成本却由下游承担（Sigman，2002，2005；Helland and Whitford，2003；Gray and Shadbegian，2005；Lipscomb and Mobarak，2016）①。现有文献主要研究跨界空气污染的溢出效应，但鲜有实证文献研究跨界空气污染的“搭便车”行为，这可能是因为跨界空气污染问题更具有隐蔽性（例如，空气污染物的排放通常具有区域性）因而更难以识别。例如，David（2010）发现美国与加拿大和墨西哥之间确实存在明显的大气污染物的跨界污

① Sigman（2002）比较了国内和国际河流的污染情况，她发现，紧邻国际边界上游的监测站观测到的生化需氧量（BOD）水平高于其他类似监测站。Gray和Shadbegian（2005）发现加拿大和美国边境附近的BOD排放量更高，但是监督更少。Helland和Whitford（2003）使用美国1987—1996年的有毒物质排放清单数据表明，与其他州接壤的县的水污染排放量比其他县更高。Sigman（2005）发现，搭便车导致美国各州的下游水质下降4%。Lipscomb和Mobarak（2016）利用了巴西的自然实验研究这个问题。由于巴西的县边界经常被重新绘制，因而改变了边界周围的策略污染行为。他们的结论是，解决跨境污染问题需要高层政府官员积极参与监管。

染效应，但在美国国内这种效应则并不明显。

由于跨界污染问题存在显著的“搭便车”现象，传统的环境污染规制工具（例如，征收庇古税等）能起到的作用有限。现有文献中提到的解决办法有两类：一类是基于科斯定理，不同地方政府之间通过谈判来促成合作协调治理；另一类是基于统一的中央政府给与地方政府有效的激励，促使他们自己主动减少跨界污染行为。现有的实证研究主要关注第二类解决方案（Duvivier et al.，2013；Cai et al.，2016；Matthew et al.，2015）[①]。基于科斯定理的解决方案，理论上可能更完美，但不少文献指出在实践中其存在极大的操作难度。例如，由于不同民族和国家之间缺乏具有强制约束力的国际法，即使只有少数行动者，也很难通过自由谈判达成解决方案（Dinar，2006；Lipscomb and Mobarak，2016；Sigman，2005；Wolf，2007）。此外，即使各国签订了条约，条约谈判和执行过程也非常烦琐，谈判成本将会超出想象（Ogawa et al.，2009）。

本书研究的粤港“清洁生产伙伴计划”这一跨界空气污染治理政策正是基于科斯定理的一个例子。它的出台有两方面原因。第一个原因是谈判成本的下降。20世纪90年代，大量香港的制造业企业转移到了广东省的东莞、佛山等地。随着珠三角区域的工业不断发展，该区域的空气质量不断恶化，并通过空气和风传播到了香港。香港很早就意识到了跨界空气污染问题，并于1990年成立了粤港环境保护联络小组，希望协作推进区域空气污染治理，但一直没有成效。直至1997年香港回归以后，双方在同一个中央政府的领导下，谈判成本迅速下降，区域空气污染协作治理才得以迅速推进。第二个原因是随

① Duvivier和Xiong（2013）以河北省为例，发现污染企业更有可能设立在边境县，而不是内陆地区。Matthew，Li和Zhao（2015）利用中国2005年的自然实验研究了这个问题。2005年，中央政府改变了地方的政治晋升标准，从而激励地方官员按照特定的标准减少边界处的环境污染。他们研究发现，与晋升挂钩的边界处的水污染水平下降很快，而没有被中央政府列为目标的重金属污染物等，在晋升标准改变后浓度并没有下降。

着我国城市人口总量和人均收入的不断增加，人们为了避免空气污染而支付费用的意愿也不断增加（Kahn and Zheng，2016），香港亦如是。最终，香港于2008年出台了粤港“清洁生产伙伴计划”，用于补贴广东的港资企业安装节能减排设备并采取清洁生产措施。该政策虽然已出台十余年，但并没有任何学术研究对其效果进行严谨的评估。本书希望通过估计该政策的实施效果，为未来治理跨界空气污染的政策设计和效果评估提供更多的决策参考。

现有研究主要关注跨界空气污染的强度（Chen and Ye，2017；Lin，2014）以及它的本地效应（local effect）（Fu et al.，2022；Ngo et al.，2018），而鲜有学者关注跨界空气污染治理政策是否有效抑制了空气污染跨界传播。

本书估计了粤港“清洁生产伙伴计划”这一跨界空气污染治理政策对广东区域空气质量和香港本地空气质量的影响，发现该政策显著降低了广东区域空气污染物浓度以及香港空气污染物浓度——政策实施后，广东区域平均PM_{10}浓度下降了12.3微克/立方米（约14.6%），香港平均PM_{10}浓度下降了6.5微克/立方米（约13%）。本书的研究不仅为科斯定理解决跨界空气污染问题的理论提供了实证证据，也为政府设计治理跨界空气污染问题的政策提供了基于已有试点政策效果评估的政策参考。

本书的贡献主要有三点：

第一，本书对粤港“清洁生产伙伴计划”这一跨界污染治理补贴政策进行了因果效应的估计。为了应对日益严重的跨界污染问题，中国政府出台了一系列区域协调治理政策。[①]这些政策都是“一揽子”方案，想要进行因果效应的评估非常困难。本书研究的“清洁生产伙

① 例如，2013年出台的《京津冀及周边地区落实大气污染防治行动计划实施细则》，2017年出台的《京津冀及周边地区2017年大气污染防治工作方案》

伴计划”是一个相对清晰的跨界污染补贴政策，从而方便本书使用风向的随机性来评估政策的因果效应。第二，本书对该政策的实施效果进行了成本-收益分析，测算该政策减少的经济损失（亦即该政策的社会效益）。第三，本书的结论可以为其他区域（如京津冀、长三角地区）协调治理政策的制定提供参考。

本章其余部分组织如下：8.2节介绍粤港“清洁生产伙伴计划”政策的制度背景和具体措施；8.3节介绍数据和具体的实证策略；8.4节介绍主要的实证结果和成本-收益分析结果；8.5节是结论。

8.2 粤港“清洁生产伙伴计划”政策的制度背景与具体措施

20世纪90年代初期，香港特别行政区和广东省的快速发展和城市化，导致整个珠三角区域的空气质量不断恶化。特别是，大量制造业企业搬离了香港，搬到了广东的东莞、佛山等地，香港的空气质量却并没有提高，反而迅速恶化。区域空气污染首次成为香港一个重要的公共问题。

图8-1展示了粤港区域2000—2012年PM_{10}浓度的变化趋势[①]。图8-1表明，广东省、珠三角区域和香港的PM_{10}浓度在2004年之前都保持逐年上升状态，2004年达到峰值后则开始下降。即便如此，截至2012年，这些地方的PM_{10}浓度依然远远高于WHO标准。最重要的是，图8-1清楚地表明了广东省、珠三角区域、广州、深圳和香港的PM_{10}浓度随时间变化的趋势非常一致，这说明香港的空气污染物浓度确实在极大程度上受到珠三角区域空气污染物浓度的影响。

① 数据来自广东省生态环境厅官方网站，网址为：https：//http：//gdee.gd.gov.cn/。

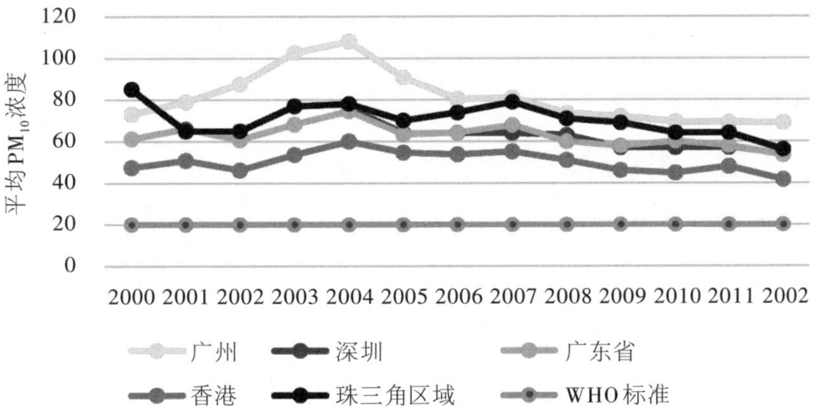

图8-1 粤港地区平均 PM_{10} 浓度的变化趋势（2000—2012年）

现有文献表明粤港地区的地理气候条件导致香港的空气质量在很大程度上会受到珠三角区域空气污染物浓度的影响。

范绍佳等（2005a，2005b）利用1995—2004年珠三角区域9个气象站的观测资料研究发现，珠三角区域的气象呈现出明显的季风特征，即冬半年主导风向为偏北风，夏半年主导风向为偏南风。冬半年主导风向为偏北风，即风会从广东北部，经过珠三角区域最终吹到香港。

范绍佳等（2005a，2005b）还发现珠三角区域每年大概有70%的时间处于中层逆温状态[①]，这种气象条件加剧了污染物在该区域的沉积。

1997年香港回归以前，在环境问题上香港和内地之间几乎没有任何对话和合作。虽然双方在1990年成立了粤港环境保护联络小组，旨在加强在环境规制和污染管制方面的合作和协调，但该小组并未实质性推动双方的跨境污染治理合作。该联络小组成员由双方高级官员组成，每年轮流在广东和香港举行联席会议。双方的合作仅限于以访

① 一般情况下，大气温度随着高度增加而下降，可是在某些天气条件下，地面上空的大气结构会出现气温随高度增加而升高的反常现象，气象学上称之为“逆温”。“逆温”通常会导致空气污染物沉积在一个区域内，不易扩散，因而会导致区域空气污染的加剧，经济学文献中通常使用“逆温”强度作为空气污染的工具变量（Chen、Oliva and Zhang，2018）。

问、讲习班和讨论会的形式进行经验交流。非政府环保组织和政府顾问多次指责香港政府没有采取更进一步的措施来推进与广东的跨境合作项目（Lee，2002）。

1997年香港回归，为解决跨界污染问题提供了良好的契机。在同一个中央政府的领导下，双方可以借助粤港环境保护联络小组推进更实质性的跨界污染治理合作项目。双方在1998年1月举行的联络小组第八次会议上，就共同治理珠三角区域的空气污染问题达成共识。

政府成立了一个由粤港两地专业技术人员组成的专家小组，以确定具体需要治理的范围，并向联络小组提出建议。

2002年，双方达成协议，共同出资建设珠三角区域空气质量监测网络，为后续的跨界污染协调治理提供了数据参考。

在这样的制度背景下，2008年4月，香港环境保护署联同广东省经济和信息化委员推出了“清洁生产伙伴计划”，这也是香港特区政府为了缓解跨境污染问题而推出的第一项跨境补贴政策。第一期计划资助金额9 306万港币，持续时间5年。

由于效果显著，2012年12月，香港特区政府拨款5 000万港币延长“清洁生产伙伴计划”两年。

截至2015年3月31日首两期计划完结时，“清洁生产伙伴计划”已批准超过2 400个资助项目，并举办近390个不同形式的技术和推广活动。

2015年，香港特区政府继续拨款1.5亿港币，延长“清洁生产伙伴计划”至2020年3月31日。广东省政府则须为中资企业提供清洁生产补贴。

“清洁生产伙伴计划”为位于珠三角区域的港资厂方提供了三类项目，包括实地评估、示范项目以及机构支援项目。表8-1列出了具体的项目内容[①]。

表8-1　　　　　　**“清洁生产伙伴计划”项目内容表**

	实地评估	示范项目	机构支援项目
资助项目	为工厂评估节能、减排及降耗空间，并建议切实可行的清洁生产改善方案	通过设备安装及改变生产作业方式，展示清洁生产技术成效 示范项目1：鼓励工厂广泛采用有效的清洁生产技术 示范项目2：鼓励工厂研发和创新清洁生产技术	向非营利机构提供资助，举办宣传推广活动，鼓励不同行业广泛采用清洁生产技术
资助额	50%（上限为45 000港币）	示范项目1：50%（上限为450 000港币） 示范项目2：50%（上限为650 000港币）	

从2008年至今，香港特区政府连续追加资金将该政策续期至2020年，说明该政策实施情况良好，但遗憾的是目前还没有经济学文献对此政策的实施效果进行因果效应的评估。

本书希望能够估计该政策对粤港两地空气质量影响的因果效应，进而测算该政策带来的经济收益，最终可以为珠三角区域后续政策的制定以及其他地区污染的区域协调治理政策的制定提供参考。

8.3　数据和识别策略

8.3.1　数据

笔者从生态环境部的官方网站搜集了2004—2012年中国城市层

① 数据来自“清洁生产伙伴计划网站”，https：//www.cleanerproduction.hk。

面的日度空气污染指数（API）数据。生态环境部公布了120个主要城市的日度API数据①。API的变化范围是0~500，它的数值取决于该城市监测站监测到的三种污染物的浓度——PM_{10}，NO_2以及SO_2。一个城市的API越大，说明该城市的空气污染越严重。

香港2004—2012年的空气污染数据则来自香港环保署官方网站。香港环保署提供了香港13个地面监测站的主要污染物浓度的观测数据②，包括PM_{10}、$PM_{2.5}$、SO_2和NO_2等。

为了将广东的空气污染数据与香港进行匹配，本书根据Andrews（2008）提出的公式将广东城市的API转换成PM_{10}浓度。Andrews（2008）指出，PM_{10}浓度与API之间存在近似线性关系：

$$PM_{10}浓度 = API，0 \leqslant API \leqslant 50$$

$$PM_{10}浓度 = 2API - 50，50 \leqslant API \leqslant 200$$

$$PM_{10}浓度 = \left(\frac{7}{10}\right)API + 210，200 \leqslant API \leqslant 300$$

$$PM_{10}浓度 = \left(\frac{4}{5}\right)API + 180，300 \leqslant API \leqslant 4000$$

$$PM_{10}浓度 = API + 100，400 \leqslant API \leqslant 500$$

本章使用PM_{10}浓度来衡量广东城市和香港的空气质量。本章使用的气象数据集与第4章相同，这里不再赘述。

鉴于数据的可获得性，本书所指的“广东城市”只包括广州、深圳、珠海、佛山、湛江、韶关和汕头这7个城市；本书所指的“珠三角区域”只包括广州、深圳、珠海和佛山这4个城市；本书所指的“福建城市”只包括福州、厦门和泉州这3个城市。

表8-2报告了各个城市的主要变量的描述性统计结果。其中，*Policy*是政策变量，如果某个观测值时间在2008年4月以后，且为广

① 数据来自生态环境部的官方网站 http：//datacenter. mep. gov. cn/report/air_daily/air_dairy.jsp

② 数据来自香港环保署官方网站 www.epd.gov.hk。

东的城市，则它等于1；否则它等于0。

表8-2　　主要变量的描述性统计

变量名	观测值	均值	标准差	最小值	最大值
Policy	31 426	0.239	0.427	0	1
香港PM_{10}浓度	3 288	50.55	28.835	7	576
香港风速	3 288	9.12	3.192	3.1	31.4
香港温度	3 288	75.444	9.984	45.5	92.4
香港降雨量	3 288	0.198	0.712	0.	15.79
珠三角API	9 093	52.753	22.336	10	289
珠三角PM_{10}浓度	9 093	62.873	36.959	10	412
珠三角风速	9 063	11.124	6.267	1	52
珠三角温度	9 093	22.45	6.894	-8	34
珠三角降雨量	9 063	2.366	8.783	0	122
广东其他城市API	9 514	52.318	17.637	14	500
广东其他城市PM_{10}浓度	9 514	59.59	28.759	14	600
广东其他城市风速	9 473	7.999	3.917	0	38
广东其他城市温度	9 484	22.48	6.450	2	34
广东其他城市降雨量	9 478	3.107	9.945	0	233
福建城市API	9 530	55.98	23.143	0	500
福建城市PM_{10}浓度	9 530	67.288	37.061	0	600
福建城市风速	9 490	9.864	4.685	1	48
福建城市温度	9 500	21.968	6.617	4	34
福建城市降雨量	9 497	2.389	7.690	0	154

8.3.2　识别策略

想要直接估计粤港“清洁生产伙伴计划”对香港空气质量的影响是

很困难的，因为在“清洁生产伙伴计划”实施前后，香港特区政府出台了大量其他的本土治理政策来治理空气污染问题，从而很难识别香港空气质量的改善到底是由跨境政策带来的，还是由本土治理政策带来的。

为了解决这个问题，本章拟用两步法来估计“清洁生产伙伴计划”对香港空气质量的影响。首先，本章估计该跨境政策对广东区域空气质量的影响，如果广东区域的空气质量没有变好的话，飘移到香港的空气污染物也不会减少；然后利用风向数据再估计政策实施后，广东区域空气质量的变化怎样影响了香港的空气质量，也就是检验政策实施后从广东地区随风飘移到香港的空气污染物是否减少了。

1）“清洁生产伙伴计划”对广东区域空气质量的影响

自2007年开始，中央政府第一次将节能减排目标纳入地方政府官员的绩效考核体系中，这必然激励地方政府官员使用各种方法来减少当地的污染排放，因此很难分辨出，广东空气污染物的减少，到底是该跨界补贴政策起了作用，还是广东省本身的污染治理带来的结果。

广东的政策可以分为两部分：一部分和全国其他城市一样；另一部分属于香港协调计划的一部分。为了识别出香港补贴和广东配套政策对广东污染的影响，本章首先采用双重差分法来估计该政策对广东区域空气质量的影响。本章假设中央政府的节能减排激励对所有地方政府官员是一样的，则可以将附近的福建省的所有城市当作控制组，将广东各市当作处理组，从而可以识别出该补贴政策对区域空气污染的影响。选择福建城市作为控制组的另一个好处是，由于广东和福建之间隔着山脉，因而广东区域的污染物很难通过风传播到福建去，因而可以排除广东对福建的跨界污染。

基于上述分析，基本回归方程为以下双差分模型：

$$Pollution_{it} = \alpha_i + \gamma_t + \delta Policy_{it} + \beta Weather_{it} + \mu_{it} \tag{8.1}$$

其中，$Pollution_{it}$表示城市i在第t天的空气污染程度，这里用PM_{10}

浓度衡量。广东城市为处理组，福建城市为控制组。$Policy_{it}$是虚拟变量，如果某个观测值时间在2008年4月以后，且为广东城市，则$Policy_{it}$取值为1；否则$Policy_{it}$取值为0，相当于处理组（控制组）虚拟变量和政策实行前后虚拟变量的交叉项。因此其系数δ即双差分模型中的处理效应。$Weather_{it}$为当天该地的气象条件控制变量，它包括平均风速、平均气温和平均降雨量。α_i为城市固定效应，γ_t为月度固定效应。本章尝试了不同的时间固定效应作为稳健性检验，并报告结果。μ_{it}为误差项。

使用双重差分法的前提是假设了中央政府的节能减排激励对所有地方政府官员是一样的，从而各地在几乎相同的时间采取了几乎相同的治理政策。

为了提供更稳健的证据，本章放松了这个假设，允许各个城市采取的治理政策具有异质性，即允许不同的城市在政策前后的空气污染变化具有不同的时间趋势。注意到清洁空气伙伴计划出台时的一个前提是香港特区政府也要求广东省政府同时采取措施治理内地企业的排污，因此，这里的伙伴计划可以看成更广泛的粤港协调治理空气污染的一揽子政策。

2）政策实施后，广东空气质量的变化对香港空气质量的影响

要想估计政策实施后广东空气质量的变化对香港空气质量的影响，首先需要知道广东的空气污染物有多少通过风跨境传播到了香港，即广东的空气污染对香港空气污染的影响，Fu 等（2022）称这个效应为污染的距离衰减函数（pollution decay function）。

污染的距离衰减函数描述了PM_{10}在不同距离邻近城市之间的物理传输过程。如果风向正交于那些共同影响广东和香港空气污染程度的遗漏变量，那么如果只选出风从广东吹向香港的那些天，因为在控制了季节因素后每天的风向是随机的，广东的空气污染溢出到香港的部分就可以被分离出来。

根据Fu等（2022）提出的方法，构造如下的回归方程：

$$Pollution_{H,t} = \alpha_i + \gamma_t + \beta_1 Policy_t + \beta_2 abs[\cos(\theta_{it}) Pollution_{G,it}] + \beta_3 Weather_{it} + \varepsilon_{it} \quad (8.2)$$

其中，$Pollution_{H,t}$是香港的日度空气污染指标，这里用PM_{10}浓度衡量。$Policy_t$是政策变量，如果某个观测值时间在2008年4月以后，则它等于1；否则它等于0。$Pollution_{G,it}$是广东城市i在第t天的PM_{10}浓度，θ_{it}是该城市当日的主导风向与香港的夹角。ε_{it}为误差项。

β_2是广东城市i到香港的污染外溢衰减程度，α_i为城市固定效应，γ_t为时间固定效应。ε_{it}为误差项。

例如，如图8-2所示，广州位于香港137度的方向。如果当日的绝对风向是100度，那么广州相对于香港的风向就是-37度。如果当日的绝对风向是200度，那么广州相对于香港的风向就是63度。

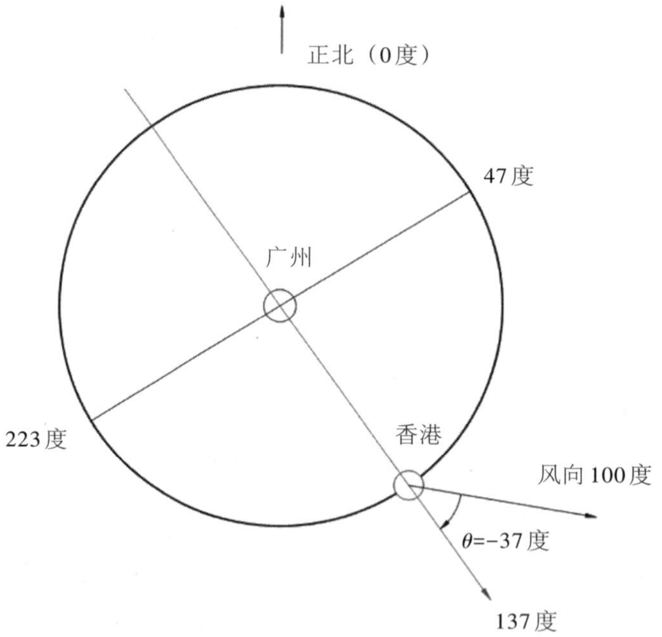

图8-2　估计污染衰减函数时广州与香港风向的一个例子

本章将θ_{it}大于等于-45度或小于等于45度定义为城市i在t天的主导风吹向香港，同时将这个范围扩大到-60度和60度做稳健性检验。

8.4 实证结果

8.4.1 粤港“清洁生产伙伴计划”对珠三角区域空气质量的影响

表8-3报告了粤港“清洁生产伙伴计划”对珠三角区域空气质量影响的基准结果。所有模型均控制了城市固定效应和月度固定效应，并且将估计的标准误聚类在城市层面。模型（1）和模型（2）控制了城市固定效应、月度固定效应以及气象变量，包括平均风速、平均气温和平均降雨量。考虑到各个城市采取的治理政策的异质性，即不同的城市在政策前后的空气污染变化可能具有不同的时间趋势，模型（3）和模型（4）控制了气象变量和城市哑变量的交互项。模型（5）和模型（6）在上述基础下进一步控制了线性时间趋势。所有模型的估计结果都表明该政策显著降低了珠三角区域的PM_{10}浓度，并且结果十分稳健。本章将模型（5）和模型（6）的估计结果当作基准结果，即粤港“清洁生产伙伴计划”的实施使得珠三角区域的平均PM_{10}浓度显著下降了12.3微克/立方米，或者说14.6%。

表 8-3 DID-政策对珠三角区域空气质量的影响，以福建为对照

变量	(1) PM$_{10}$浓度	(2) Log (PM$_{10}$浓度)	(3) PM$_{10}$浓度	(4) Log (PM$_{10}$浓度)	(5) PM$_{10}$浓度	(6) Log (PM$_{10}$浓度)
Policy	-15.975***	-0.174***	-14.017***	-0.158***	-12.300***	-0.146***
	(0.684)	(0.008)	(0.344)	(0.004)	(2.654)	(0.036)
城市固定效应	是	是	是	是	是	是
月固定效应	是	是	是	是	是	是
控制变量	是	是				
控制变量*城市哑变量			是	是	是	是
时间趋势					是	是
观测值	18 553	18 552	18 553	18 552	18 553	18 552
R^2	0.251	0.287	0.289	0.337	0.290	0.338

注：*、**和***分别表示10%、5%和1%的显著性水平。控制变量包括平均温度、平均风速和平均降雨量。如果没有特殊说明，本章所有回归的标准误均聚类到城市层面

8.4.2 粤港“清洁生产伙伴计划”对香港空气质量的影响

表 8-4 报告了粤港“清洁生产伙伴计划”对香港空气质量的影响。所有模型均控制了城市固定效应、月度固定效应、线性日度时间趋势以及气象条件控制变量与城市哑变量的交互项，同时标准误聚类在城市层面。模型（1）至模型（3）估计了政策对香港 PM$_{10}$浓度的影响，模型（4）至模型（6）则估计了政策对香港 PM$_{10}$浓度对数的影响。本章选择不同的风向夹角（90度、120度和150度）对应的子样本来估计政策对香港空气质量的影响，结果是稳健的。这些不同的

模型的区别在于，选择的风向夹角越大，样本量越多，从而估计的有效性会越高（即越显著），但估计的精度会越低（混杂了更多的噪声）。在这里，本章选择模型（1）和模型（4）作为基准结果，因为在估计的有效性基本满足的情况下，本章尽可能选择更高的估计精度。基准模型表明，粤港“清洁生产伙伴计划”的实施导致香港的平均PM_{10}浓度下降了11.6微克/立方米，即平均PM_{10}浓度下降了16.3%。

表8-4　　**政策对香港空气质量的影响**

	(1) 90度	(2) 120度	(3) 150度	(4) 90度	(5) 120度	(6) 150度
变量	香港PM_{10}浓度	香港PM_{10}浓度	香港PM_{10}浓度	Ln（香港PM_{10}浓度）	Ln（香港PM_{10}浓度）	Ln（香港PM_{10}浓度）
Policy	-11.599*	-7.707*	-10.297**	-0.163	-0.116*	-0.146*
	(4.806)	(2.925)	(3.186)	(0.072)	(0.043)	(0.058)
城市固定效应	是	是	是	是	是	是
月固定效应	是	是	是	是	是	是
控制变量*城市虚拟变量	是	是	是	是	是	是
时间趋势	是	是	是	是	是	是
观测样本数	362	617	770	362	617	770
R^2	0.302	0.295	0.313	0.346	0.334	0.356

注：*、**和***分别表示10%、5%和1%的显著性水平。控制变量包括平均温度、平均风速和平均降雨量。样本只选取了风从珠三角区域吹往香港的日子。观测值大量损失的原因主要在于风向数据的缺失。2004—2012年珠三角区域4个城市的总观测值为9 093个，其中有风向数据的观测值为4 131个。

表8-5报告了控制当天污染物飘移程度情况下珠三角区域空气污染物浓度以及政策对香港空气质量的影响。所有模型均控制城市固定效应、月度固定效应、线性日度时间趋势以及气象条件控制变量与城市哑变量的交互项，同时标准误聚类在城市层面。其中，模型（1）

至模型（3）选取不同的风向夹角的子样本估计了珠三角区域PM_{10}浓度对香港的溢出效应，模型（1）结果表明，珠三角区域的PM_{10}浓度边际上每增加1微克/立方米，会导致香港的PM_{10}平均浓度增加0.325微克/立方米，即溢出效应为32.5%。模型（4）至模型（6）表明，控制了珠三角区域空气污染物浓度随风飘移到香港的程度后，政策对香港空气质量的影响不显著，这说明该跨界污染补贴政策对香港空气质量的影响的唯一渠道是通过风飘移过去。此时，政策的系数虽然不显著，但系数大小相较于表8-4的结果，更具参考意义。即政策实施后，香港平均PM_{10}浓度下降了6.5微克/立方米，或者说12.8%。

表8-5　**珠三角区域空气污染物浓度和政策对香港空气质量的影响**

变量	（1）90度	（2）120度	（3）150度	（4）90度	（5）120度	（6）150度
	香港PM_{10}浓度	香港PM_{10}浓度	香港PM_{10}浓度	香港PM_{10}浓度	香港PM_{10}浓度	香港PM_{10}浓度
政策				-6.577	-3.822	-6.224
				(7.354)	(5.553)	(5.460)
$abs[\cos(\theta_{it})Pollution_{G,it}]$	0.325**	0.355**	0.370**	0.318**	0.352**	0.364**
	(0.081)	(0.091)	(0.072)	(0.088)	(0.095)	(0.076)
城市固定效应	是	是	是	是	是	是
月固定效应	是	是	是	是	是	是
控制变量×城市虚拟变量	是	是	是	是	是	是
时间趋势	是	是	是	是	是	是
观测样本数	362	617	770	362	617	770
R^2	0.386	0.396	0.417	0.388	0.397	0.420

注：*、**和***分别表示10%、5%和1%的显著性水平。控制变量包括平均温度、平均风速和平均降雨量。观测值大量损失的原因主要在于风向数据的缺失。2004—2012年珠三角区域4个城市的总观测值为9 093个，其中有风向数据的观测值为4 131个。

结合表8-3、表8-4和表8-5，可以分析该跨界补贴政策起作用的机制。政策实施后，首先导致珠三角区域的空气污染物浓度下降，随后导致随风飘移到香港的空气污染物浓度也下降了。可以看到，政策实施后，珠三角区域平均PM_{10}浓度下降了12.6微克/立方米，香港的平均PM_{10}浓度下降了6.5微克/立方米，同时PM_{10}从珠三角区域飘往香港的飘移平均比例约为32.8%，这些结果都是一致的。

8.4.3 稳健性检验

本章双重差分模型的识别的有效性依赖于两个关键的假设：首先要假设中央政府的节能减排激励对所有的地方官员是一样的，其次要假设处理组和对照组之间不存在相互的污染溢出问题。基准回归中选择以福建城市作为对照组，虽然可以完全满足第二假设，但此时第一假设可能会过于严格。

本章选择以广东其他城市作为对照组来做稳健性检验。这个设定的优点在于可以完全满足第一假设，缺点是几乎完全不满足第二假设。

表8-6报告了相应的估计结果。本章发现，与基准模型相比，该结果非常稳健，系数的估计值也与基准模型相差不大。

表8-6 **政策对珠三角区域空气质量的影响——以广东其他城市为对照**

	(1)	(2)	(3)	(4)	(5)	(6)
变量	PM_{10}浓度	Ln（PM_{10}浓度）	PM_{10}浓度	Ln（PM_{10}浓度）	PM_{10}浓度	Ln（PM_{10}浓度）
Policy	-16.874^{***}	-0.188^{***}	-14.414^{***}	-0.163^{***}	-9.247^{**}	-0.086
	(0.676)	(0.008)	(0.205)	(0.003)	(3.054)	(0.045)
城市固定效应	是	是	是	是	是	是
月固定效应	是	是	是	是	是	是
控制变量	是	是				

续表

变量	(1) PM$_{10}$浓度	(2) Ln（PM$_{10}$浓度）	(3) PM$_{10}$浓度	(4) Ln（PM$_{10}$浓度）	(5) PM$_{10}$浓度	(6) Ln（PM$_{10}$浓度）
控制变量×城市虚拟变量			是	是	是	是
时间趋势					是	是
观测样本数	18 536	18 536	18 536	18 536	18 536	18 536
R^2	0.319	0.348	0.360	0.401	0.366	0.407

注：*、**和***分别表示 10%、5% 和 1% 的显著性水平。控制变量包括平均温度、平均风速和平均降雨量。观测值大量损失的原因主要在于风向数据的缺失。2004—2012 年珠三角区域 4 个城市的总观测值为 9 093 个，其中有风向数据的观测值为 4 131 个。

表 8-7 报告了基准双重差分模型在高阶时间趋势下的估计结果。该结果表明，在基准模型的基础上控制二阶时间趋势和三阶时间趋势，估计结果依然是稳健的。

表 8-7　**政策对珠三角空气质量的影响——控制高阶时间趋势**

变量	(1) PM$_{10}$浓度	(2) Ln（PM$_{10}$浓度）	(3) PM$_{10}$浓度	(4) Ln（PM$_{10}$浓度）
Policy	−12.019***	−0.142**	−13.251***	−0.156***
	(3.063)	(0.041)	(2.888)	(0.040)
城市固定效应	是	是	是	是
月固定效应	是	是	是	是
控制变量×城市虚拟变量	是	是	是	是
时间趋势	是	是	是	是

续表

变量	(1) PM_{10}浓度	(2) Ln（PM_{10}浓度）	(3) PM_{10}浓度	(4) Ln（PM_{10}浓度）
时间趋势的平方	是	是	是	是
时间趋势的立方			是	是
观测样本数	18 553	18 552	18 553	18 552
R^2	0.290	0.338	0.292	0.339

注：*、**和***分别表示10%、5%和1%的显著性水平。控制变量包括平均温度、平均风速和平均降雨量。观测值大量损失的原因主要在于风向数据的缺失。2004—2012年珠三角区域4个城市的总观测值为9 093个，其中有风向数据的观测值为4 131个。

8.4.4 政策的成本效益分析

He等（2020）使用2000—2015年的月度数据估计了香港的API对心肺疾病死亡率的影响，即API每减少10个单位会导致香港的心肺疾病死亡率降低1.77%。政策实施后，香港平均PM_{10}浓度下降了6.5微克/立方米，用Andrew（2008）的方法换算为6.5个单位API，因而可以算出，该政策导致香港居民的心肺疾病死亡率下降了1.15%。

Fu等（2019）使用2001—2007年中国工业企业的数据估计了污染溢出效应对企业短期劳动生产率的影响。他们发现城市的PM_{10}浓度每增加1微克/立方米会导致企业平均劳动生产率下降0.30%，所带来的经济损失为45 809元。

根据《中国统计年鉴》报告的数据，香港2008—2012年的平均制造业增加值占地区生产总值的比例为1.67%，约39.2亿美元。因而可以算出，该政策的实施减少了香港制造业的损失1 176万美元。而第一期政策的成本仅为9 306万港币，因此该政策的效益超过了成本。

9

结论和政策意义

9.1 主要结论

改革开放以来，中国长期依赖“高污染、高能耗、高排放”的粗放型增长模式，这一模式导致中国付出了沉重的环境代价。

环境污染严重威胁人类健康与经济可持续发展，量化环境污染成本与评估相关政策效果对促进中国污染防治实践具有重要意义。本书研究了空气污染对儿童健康、交通拥堵、规避行为等方面的影响，以及空气污染跨区域协同治理政策的实施效果。

本书第3章使用2004—2015年中国地级市的儿童死亡率数据，并使用通风系数作为$PM_{2.5}$年平均浓度的工具变量，估计了空气污染与儿童死亡率的因果关系。结果表明，$PM_{2.5}$年平均浓度每增加10微克/立方米，婴儿死亡率将增加1.63‰，但没有证据表明空气污染对儿童（1~4岁）死亡率有显著的不利影响。

本书第4章基于2015—2018年全国160个地级市的数据，使用上风城市O_3浓度的距离加权平均值作为目标城市O_3的工具变量，采用混合两阶段最小二乘法估计了O_3污染与婴儿死亡率和5岁以下儿童死亡率的因果关系。本书发现，O_3浓度每提高1微克/立方米，会导致婴儿平均死亡率提高约0.06个千分点（1.6%）、5岁以下儿童的平均死亡率提高约0.1个千分点（2%）。

空气污染的外部性成本中有一个重要组成部分是对交通拥堵的影响，鲜有文献对此进行研究。本书第5章研究了空气污染对交通拥堵的影响。研究结果表明，空气污染对交通拥堵有一定影响。API每增加100，用来衡量北京五环及环内所有路段整体交通运行状况的TPI将增加1，意味着交通拥堵的加剧。此外，本书还估计了气象条件变化对交通容量和交通需求变化的综合影响。本书发现温度对交通拥堵的影响是非单调的。当温度低于一定水平（约21℃）时，交通拥堵会随着温度的升高而减轻，但当温度超过一定水平时，交通拥堵会加重。降雨量和能见度对交通拥堵的影响显著为正。特殊的天气条件，如雪、雷电等也对交通拥堵有显著的正向影响。此外，福利分析的结果表明，2010年北京市空气污染导致的交通拥堵的时间成本为每天108万元。

本书第6章使用中国78个城市2015—2018年高德地图的日度交通拥堵延时指数数据研究了当空气污染播报制度相当成熟的条件下，空气污染对交通拥堵的影响。研究发现，第6章的结论与第5章的结论刚好相反：空气污染不仅没有提高交通拥堵程度，反而降低了交通拥堵程度。为了更具有可比性，本书使用北京2015—2018年的数据并使用同样的模型发现，空气污染对交通拥堵的影响不显著，但系数已经变成了正数。这说明，考虑到污染规避行为后，从交通拥堵的视角看，空气污染甚至产生了正外部性。

本书第7章的研究表明，AQI和PM_{10}浓度每增加1微克/立方米，会导致城市活跃家庭每天的平均电力消费分别增加0.0076kWh和0.0097kWh。为了便于与现有研究对比分析，本书将估计的结果标准化，即AQI和PM_{10}浓度每增加一个标准差，会导致城市活跃家庭每天的平均电力消费分别增加0.33kWh（或2.5%）和0.55kWh（或4.1%）。美国亚利桑那州凤凰城的证据表明，PM_{10}浓度每增加一个标准差会导致家庭每日平均电力消费增加0.32 kWh（或0.85%）（He et al., 2020）。本书发现，家庭电力消费对空气污染的响应与空气污染程度相关。只有当空气污染程度为中度污染及以上时（AQI>150），人们才会对空气污染做出反应，并且这个效应随着空气污染程度的加重而加大。最后，本书计算了清洁空气的支付意愿和空气污染带来的额外损失。城市家庭每年愿意为清洁空气多支付91元电费。如果空气质量达到WHO标准，全国每年平均电力消费则会减少671.6亿kWh，这意味着全国居民每年可以少支付364亿元电费。

本书第8章利用2004—2012年香港和广东的日度空气污染数据评估了粤港“清洁生产伙伴计划”这一跨界补贴政策对广东区域空气质量和香港空气质量的影响。主要发现如下：第一，双重差分的结果都表明，该政策显著降低了珠三角区域PM_{10}浓度（约14.6%）。控制了高阶时间趋势后，该结论依然是稳健的。第二，政策实施后，香港的PM_{10}浓度显著下降6.5微克/立方米（约12.8%），珠三角区域的PM_{10}跨境传播到香港的比例为32.5%。第三，成本收益分析表明，政策实施后，香港居民的平均心肺疾病死亡率下降了1.15%。该政策的实施同时还减少了香港制造业的损失约1 176万美元。

9.2 政策意义

本书从“污染的经济后果、影响机制以及治理政策”的逻辑出发，研究了中国环境污染的外部性影响、影响机制以及跨界污染治理政策评估和设计。本书主要有如下政策意义：

第一，本书为一个大型发展中国家的儿童这一弱势群体的空气污染健康成本提供了新的经验证据。在许多空气污染严重的发展中国家，通常很难获得这类数据。本书的研究结果表明，减少空气污染在挽救新生儿生命方面具有巨大的社会效益。值得注意的是，由于数据限制，本书无法具体分析空气污染导致儿童死亡的具体原因（Arceo et al.，2015），也未能得到不同性别的儿童死亡率情况（Pongou，2013；Pongou et al.，2017），未来如果能获得更精细更广泛的数据，可以进行更深入的研究。

第二，本书研究了此前一直被国内文献忽略的污染物（O_3）的公共健康成本，有三个方面的政策意义：

首先，从公众认知角度看。Barwick等（2024）指出2013年以来中国空气质量监测体系的建立和污染披露的完善显著提高了中国家庭对$PM_{2.5}$污染的认知进而带来巨大的健康收益。然而，在O_3污染已经成为中国主要污染物的今天，公众对O_3污染的认识并没有提高，公众污染规避行为的缺乏可能是O_3污染导致较大公共健康损害的重要原因之一。较低的预防性支出意味着事后较高的医疗支出，不仅会对人们身体健康和家庭财富产生较大的负面影响，也会对国家医疗保障体系产生较重负担。因此政府应当对公众加强O_3污染危害和预防措施的宣传普及工作，提高公众意识，做到更高的事前预防，进而减少事后的健康损害。

其次，从污染监测角度看。根据生态环境部监测数据，我国部分区域的O_3浓度水平较发达国家同期仍处于较高区间，这是O_3污染防治需要重点关注的问题之一，政府以后的大气污染治理方向应该是持续推进$PM_{2.5}$和O_3协同控制，完善挥发性有机物（VOCs）等O_3前体物的监测网络体系，强化源头防控。

最后，从大气污染协同治理角度看。一系列的环境科学研究表明，PM_{10}、$PM_{2.5}$和NO_2等污染物的浓度下降都可能导致O_3污染的上升（Li et al.，2019；Li et al.，2021）。因此，$PM_{2.5}$和O_3污染的协同治理政策将成为未来主要的政策方向。这类政策的制定需要预先知道各种污染物准确的外部性成本。虽然文献中已经较为全面地估计了中国$PM_{2.5}$污染的公共健康损害，但缺乏O_3污染的外部性成本数据，从而难以制定准确的$PM_{2.5}$和O_3污染协同治理政策。本书的发现正好可以形成补充，为$PM_{2.5}$和O_3污染的协同治理政策的制定提供依据。

第三，本书关于空气污染对交通拥堵的研究丰富了关于气象条件对整体交通表现（用TPI衡量）的经验文献。这有助于政府部门评估气象变化对交通表现的影响，进而制定恰当的预防措施。最重要的是，本书的研究表明，空气污染对交通拥堵有显著的正向影响。这为政策制定者评估当地交通管制策略和空气污染排放控制政策的适宜性提供了经验证据。此外，地级市研究的结果表明，空气污染对交通拥堵的外部性影响在不同的城市之间差别很大。因此，政策制定者不宜使用全国“一刀切”的方式来综合治理交通拥堵和空气污染，而应该让各个地区根据自己的实际情况，使用有针对性的治理政策来解决问题。

第四，本书借助日度家庭电力消费数据研究了空气污染导致的污染规避行为，并据此计算了清洁空气支付意愿，具有三个方面的政策意义：

首先，由于空气污染和电力消费之间存在强烈的正反馈机制，即“空气污染提高—电力需求增加—电力供给增加—电力生产导致的空气污染增加”。政府应该加强对空气污染的治理，通过上述反馈机制使均衡电力消费降至更低水平，为实现“碳中和”目标提供重要助力。

其次，虽然中国自2013年以来已经建立了较为完善的空气污染监测和播报体系，但本书发现整体上居民的污染规避意识依然非常弱（远低于发达国家）。政府应该进一步加大空气污染对健康危害的宣传工作，提高人们的污染规避意识，以尽量避免空气污染对健康的损害，这对我国长期人力资本积累也具有非常重要的意义。

最后，本书的结果表明，居民的空气污染规避行为会导致家庭电力消费上升，进而导致了空气污染的加剧（火力发电）。这些实证发现对于理解居民的空气污染规避行为以及预测电力需求和制定电力定价政策都有参考价值。

第五，本书对粤港“清洁生产伙伴计划”这一跨界补贴政策的评估结果表明，基于科斯定理，不同政府之间通过谈判来促成区域合作协调治理空气跨界污染的政策是有效的。

在同一个中央政府的领导下，谈判成本以及后续履行合约的成本大幅下降，这是科斯定理可以起作用的前提。中国政府可以考虑在京津冀和长三角地区推广粤港跨界污染治理的模式，以便更有效地治理区域空气污染问题。

参考文献

[1] 郑思齐. 中国绿色城市的崛起：经济增长与环境如何共赢 [M]. 北京：中信出版集团，2016.

[2] HELFAND G E, BERCK P, MAULL T. The theory of pollution policy [M] //MALER K G, VINCENT J R. Handbook of environmental economics. Elsevier, 2003: 249-303.

[3] ANDREWS, DONALD WK, STOCK J H. Identification and inference for econometric models: Essays in honor of Thomas Rothenberg [M]. Cambridge: Cambridge University Press, 2005.

[4] MAO L Z, ZHU H G, DUAN L R. The social cost of traffic congestion and countermeasures in Beijing [M] //BAI Y, PING W V, SHEN L D, et al. Sustainable Transportation Systems: Plan, Design, Build, Manage, and Maintain. 2012: 68-76.

[5] MCKIBBIN W J, WILCOXEN P J. A better way to slow global climate change [M]. Washington, D.C.: Brookings Institution, 1997.

[6] 曹静，王鑫，钟笑寒. 限行政策是否改善了北京市的空气质量？[J]. 经济学（季刊），2014，13（3）：1091-1126.

[7] 陈涵一，史铁，王临风，等. 空气污染、规避行为和家庭电力消费——

来自中国地级市的证据 [J]. 经济学（季刊），2023，23（5）：1865-1882.

[8] 陈诗一，陈登科. 雾霾污染，政府治理与经济高质量发展 [J]. 经济研究，2018，53（2）：20-34.

[9] 陈帅，张丹丹. 空气污染与劳动生产率——基于监狱工厂数据的实证分析 [J]. 经济学（季刊），2020，19（4）：1315-1334.

[10] 陈硕，陈婷. 空气质量与公共健康：以火电厂二氧化硫排放为例 [J]. 经济研究，2014，49（8）：158-169；183.

[11] 陈永伟，陈立中. 为清洁空气定价：来自中国青岛的经验证据 [J]. 世界经济，2012，35（4）：140-160.

[12] 樊文雁，蔡子颖，姚青，等. 区域输送对天津臭氧污染的影响 [J]. 中国环境科学，2022，42（11）：4991-4999.

[13] 范丹，叶昱圻，王维国. 空气污染治理与公众健康——来自“大气十条”政策的证据 [J]. 统计研究，2021，38（9）：60-74.

[14] 范绍佳，王安宇，樊琦，等. 珠江三角洲大气边界层概念模型的建立及其应用 [J]. 热带气象学报，2005，21（3）：286-292.

[15] 胡志高，李光勤，曹建华. 环境规制视角下的区域大气污染联合治理——分区方案设计、协同状态评价及影响因素分析 [J]. 中国工业经济，2019（5）：24-42.

[16] 黎文靖，郑曼妮. 空气污染的治理机制及其作用效果——来自地级市的经验数据 [J]. 中国工业经济，2016（4）：93-109.

[17] 李明，张亦然. 空气污染的移民效应——基于来华留学生高校-城市选择的研究 [J]. 经济研究，2019，54（06）：168-182.

[18] 李倩，陈晓光，郭士祺，等. 大气污染协同治理的理论机制与经验证据 [J]. 经济研究，2022，57（2）：142-157.

[19] 罗勇根，杨金玉，陈世强. 空气污染、人力资本流动与创新活力——基于个体专利发明的经验证据 [J]. 中国工业经济，2019（10）：99-117.

[20] 罗知，李浩然.“大气十条”政策的实施对空气质量的影响 [J]. 中国工

业经济，2018（9）：136-154.

［21］ 沈坤荣，金刚，方娴. 环境规制引起了污染就近转移吗？［J］. 经济研究，2017，52（5）：44-59.

［22］ 宋桂香，江莉莉，陈国海，等. 上海市大气气态污染物与居民每日死亡关系的时间序列研究［J］. 环境与健康杂志，2006（5）：390-393.

［23］ 宋弘，孙雅洁，陈登科. 政府空气污染治理效应评估——来自中国“低碳城市”建设的经验研究［J］. 管理世界，2019，35（6）：95-108；195.

［24］ 孙伟增，张晓楠，郑思齐. 空气污染与劳动力的空间流动——基于流动人口就业选址行为的研究［J］. 经济研究，2019，54（11）：102-117.

［25］ 王玉泽，罗能生. 空气污染、健康折旧与医疗成本——基于生理、心理及社会适应能力三重视角的研究［J］. 经济研究，2020，55（12）：80-97.

［26］ 杨海兵，葛明，洪梅，等. 苏州市恶性肿瘤日死亡率与大气主要污染物的关系［J］. 环境与职业医学，2010，27（6）：353-355；359.

［27］ 杨继东，章逸然. 空气污染的定价：基于幸福感数据的分析［J］. 世界经济，2014，37（12）：162-188.

［28］ 叶金珍，安虎森. 开征环保税能有效治理空气污染吗［J］. 中国工业经济，2017（5）：54-74.

［29］ 殷文军，彭晓武，宋世震，等. 广州市空气污染与城区居民心脑血管疾病死亡的时间序列分析［J］. 环境与健康杂志，2012，29（6）：521-525；577.

［30］ AL HASSAN Y，BARKER D J. The impact of unseasonable or extreme weather on traffic activity within Lothian region，Scotland［J］. Journal of Transport Geography，1999，7（3）：209-213.

［31］ ALDY J E，VISCUSI W K. Age differences in the value of statistical life：revealed preference evidence［J］. Review of Environmental Economics and 2007，1（2）：241-260..

[32] ALEXANDER D, SCHWANDT H. The impact of car pollution on infant and child health: Evidence from emissions cheating [J]. The Review of Economic Studies, 2022, 89 (6): 2872-2910.

[33] ANDREWS S Q. Inconsistencies in air quality metrics: "Blue Sky" days and PM10 concentrations in Beijing [J]. Environmental Research Letters, 2008, 3 (3): 034009.

[34] ARCEO E, HANNA R, OLIVA P. Does the effect of pollution on infant mortality differ between developing and developed countries? Evidence from Mexico City [J]. The Economic Journal, 2016, 126 (591): 257-280.

[35] BARWICK P J, LI S, LIN L, et al.From fog to smog: The value of pollution information [J]. American Economic Review, 2024, 114 (5): 1338-1381.

[36] BÖCKER L, DIJST M, PRILLWITZ J. Impact of everyday weather on individual daily travel behaviours in perspective: A literature review [J]. Transport Reviews, 2013, 33 (1): 71-91.

[37] BRAUER M, FREEDMAN G, FROSTAD J, et al. Ambient air pollution exposure estimation for the global burden of disease 2013 [J]. Environmental Science & Technology, 2016, 50 (1): 79-88.

[38] BURNETT R, CHEN H, SZYSZKOWICZ M, et al. Global estimates of mortality associated with long-term exposure to outdoor fine particulate matter [J]. Proceedings of the National Academy of Sciences, 2018, 115 (38): 9592-9597.

[39] CESUR R, TEKIN E, ULKER A. Air pollution and infant mortality: Evidence from the expansion of natural gas infrastructure [J]. The Economic Journal, 2017, 127 (600): 330-362.

[40] CHAKRABARTI A. Deforestation and infant mortality: Evidence from Indonesia [J]. Economics & Human Biology, 2021, 40: 100943.

[41] CHAY K Y, GREENSTONE M. The impact of air pollution on infant

mortality: Evidence from geographic variation in pollution shocks induced by a recession [J]. The Quarterly Journal of Economics, 2003, 118 (3): 1121-1167.

[42] CHAY K, DOBKIN C, GREENSTONE M. The Clean Air Act of 1970 and adult mortality [J]. Journal of Risk and Uncertainty, 2003, 27 (3): 279-300.

[43] CHEN K, ZHOU L, CHEN X, et al. Acute effect of ozone exposure on daily mortality in seven cities of Jiangsu Province, China: No clear evidence for threshold [J]. Environmental Research, 2017, 155: 235-241.

[44] CHEN S, CHEN Y, LEI Z, et al. Chasing clean air: Pollution-induced travels in China [J]. Journal of the Association of Environmental and Resource Economists, 2021, 8 (1): 59-89.

[45] CHEN S, GUO C, HUANG X. Air pollution, student health, and school absences: Evidence from China [J]. Journal of Environmental Economics and Management, 2018, 92: 465-497.

[46] CHEN S, LI Y, YAO Q. The health costs of the industrial leap forward in China: Evidence from the sulfur dioxide emissions of coal-fired power stations [J]. China Economic Review, 2018, 49: 68-83.

[47] CHEN S, OLIVA P, ZHANG P. The effect of air pollution on migration: Evidence from China [J]. Journal of Development Economics, 2022, 156: 102833.

[48] CHEN X, TAN C M, ZHANG X, et al. The effects of prenatal exposure to temperature extremes on birth outcomes: The case of China [J]. Journal of Population Economics, 2020, 33 (4): 1263-1302.

[49] CHEN X, YE J. When the wind blows: Spatial spillover effects of urban air pollution in China [J]. Journal of Environmental Planning and Management, 2019, 62 (8): 1359-1376.

[50] CHEN X. Smog, cognition and real-world decision-making [J].

International Journal of Health Policy and Management, 2019, 8 (2): 76.

[51] CHEN Y, EBENSTEIN A, GREENSTONE M, et al.Evidence on the impact of sustained exposure to air pollution on life expectancy from China's Huai River policy [J]. Proceedings of the National Academy of Sciences, 2013, 110 (32): 12936-12941.

[52] CHEN Y, JIN G Z, KUMAR N, et al.Gaming in air pollution data? Lessons from China [J]. The BE Journal of Economic Analysis & Policy, 2012, 13 (3): 1-43.

[53] CHEN Y, LU F, ZHANG J. Social comparisons, status and driving behavior [J]. Journal of Public Economics, 2017, 155: 11-20.

[54] CHEUNG C W, HE G, PAN Y. Mitigating the air pollution effect? The remarkable decline in the pollution-mortality relationship in Hong Kong [J]. Journal of Environmental Economics and Management, 2020: 102316.

[55] CONEUS K, SPIESS C K. Pollution exposure and child health: Evidence for infants and toddlers in Germany [J]. Journal of Health Economics, 2012, 31 (1): 180-196.

[56] COOLS M, MOONS E, WETS G. Assessing the impact of weather on traffic intensity [J]. Weather, Climate, and Society, 2010, 2 (1): 60-68.

[57] CU C, LEI L, DENG X H, et al. Research on transport policy effect for TECC-Dynamic calculation model based on TEPCC [J]. Transport Standardization, 2009, 211, 84-86 (in Chinese).

[58] CURRIE J, NEIDELL M, SCHMIEDER J F. Air pollution and infant health: Lessons from New Jersey [J]. Journal of Health Economics, 2009, 28 (3): 688-703.

[59] CURRIE J, NEIDELL M. Air pollution and infant health: What can we learn from California's recent experience? [J]. The Quarterly Journal of Economics, 2005, 120 (3): 1003-1030.

[60] CURRIE J, WALKER R. Traffic congestion and infant health: Evidence

from E-ZPass [J]. American Economic Journal: Applied Economics, 2011, 3 (1): 65-90.

[61] DAVIS L W, KILIAN L. Estimating the effect of a gasoline tax on carbon emissions [J]. Journal of Applied Econometrics, 2011, 26 (7): 1187-1214.

[62] DERYUGINA T, HEUTEL G, MILLER N H, et al. The mortality and medical costs of air pollution: Evidence from changes in wind direction [J]. American Economic Review, 2019, 109 (12): 4178-4219.

[63] DESCHÊNES O, GREENSTONE M, SHAPIRO J S. Defensive investments and the demand for air quality: Evidence from the NOx budget program [J]. American Economic Review, 2017, 107 (10): 2958-2989.

[64] DHRYMES P J, LLERAS-MUNEY A. Estimation of models with grouped and ungrouped data by means of "2SLS" [J]. Journal of Econometrics, 2006, 133 (1): 1-29.

[65] DINAR S. Assessing side-payment and cost-sharing patterns in international water agreements: The geographic and economic connection [J]. Political Geography, 2006, 25 (4): 412-437.

[66] DING D P, YIN Z C, LI X, et al. The Relationship between the Traffic Accidents and Meteorological Condition on Beijing-Tianjin-Tanggu Expressway [C] //XIE L. Applied Mechanics and Materials. Trans Tech Publications Ltd, 2012, 188: 300-307.

[67] EBENSTEIN A, FAN M, GREENSTONE M, et al.Growth, pollution, and life expectancy: China from 1991—2012 [J]. American Economic Review, 2015, 105 (5): 226-231.

[68] EBENSTEIN A, FAN M, GREENSTONE M, et al. New evidence on the impact of sustained exposure to air pollution on life expectancy from China's Huai River Policy [J]. Proceedings of the National Academy of Sciences, 2017, 114 (39): 10384-10389.

[69] EOM J, HYUN M, LEE J, et al.Increase in household energy consumption due to ambient air pollution [J]. Nature Energy, 2020, 5 (12): 976-984.

[70] EOM Y S, KIM J O, AHN S E. Measuring willingness to pay for PM10 risk reductions: Evidence from averting expenditures for anti-PM10 masks and air purifiers [J]. Environmental and Resource Economics Review, 2019, 28 (3): 355-383.

[71] FAN M, HE G, ZHOU M. The winter choke: Coal-fired heating, air pollution, and mortality in China [J]. Journal of Health Economics, 2020, 71: 102316.

[72] FERREIRA S, AKAY A, BRERETON F, et al. Life satisfaction and air quality in Europe [J]. Ecological Economics, 2013, 88: 1-10.

[73] FREEMAN R, LIANG W, SONG R, et al.Willingness to pay for clean air in China [J]. Journal of Environmental Economics and Management, 2019, 94: 188-216.

[74] FU S, GU Y. Highway toll and air pollution: Evidence from Chinese cities [J]. Journal of Environmental Economics and Management, 2017, 83: 32-49.

[75] FU S, VIARD V B, ZHANG P. Trans-boundary air pollution spillovers: Physical transport and economic costs by distance [J]. Journal of Development Economics, 2022, 155: 102808.

[76] GHANEM D, ZHANG J. "Effortless Perfection": Do Chinese cities manipulate air pollution data? [J]. Journal of Environmental Economics and Management, 2014, 68 (2): 203-225.

[77] GRAFF Z J, NEIDELL M. The impact of pollution on worker productivity [J]. American Economic Review, 2012, 102 (7): 3652-3673.

[78] GRAY W B, SHADBEGIAN R J. "Optimal" pollution abatement—whose benefits matter, and how much? [J]. Journal of Environmental Economics and management, 2004, 47 (3): 510-534.

[79] GREENSTONE M, HANNA R. Environmental regulations, air and water pollution, and infant mortality in India [J]. American Economic Review, 2014, 104 (10): 3038-3072.

[80] GREENSTONE M, HE G, JIA R, et al.Can technology solve the principal-agent problem? Evidence from China's war on air pollution [J]. American Economic Review: Insights, 2022, 4 (1): 54-70.

[81] GREENSTONE M, HE G, LI S, et al.China's war on pollution: Evidence from the first 5 years [J]. Review of Environmental Economics and Policy, 2021, 15 (2): 281-299.

[82] GU Y, DEAKIN E, LONG Y. The effects of driving restrictions on travel behavior evidence from Beijing [J]. Journal of Urban Economics, 2017, 102: 106-122.

[83] GU Y, JIANG C, ZHANG J, et al. Subways and road congestion [J]. American Economic Journal: Applied Economics, 2021, 13 (2): 83-115.

[84] GUTIERREZ E. Air quality and infant mortality in Mexico: Evidence from variation in pollution concentrations caused by the usage of small-scale power plants [J]. Journal of Population Economics, 2015, 28: 1181-1207.

[85] HAMMITT J K, Haninger K. Valuing fatal risks to children and adults: Effects of disease, latency, and risk aversion [J]. Journal of risk and Uncertainty, 2010, 40: 57-83.

[86] HAN S, BIAN H, FENG Y, et al.Analysis of the relationship between O_3, NO and NO_2 in Tianjin, China [J]. Aerosol and Air Quality Research, 2011, 11 (2): 128-139.

[87] HANNA R, OLIVA P. The effect of pollution on labor supply: Evidence from a natural experiment in Mexico City [J]. Journal of Public Economics, 2015, 122: 68-79.

[88] HE G, FAN M, ZHOU M. The effect of air pollution on mortality in China: Evidence from the 2008 Beijing Olympic Games [J]. Journal of

Environmental Economics and Management, 2016, 79: 18-39.

[89] HE J, LIU H, SALVO A. Severe air pollution and labor productivity: Evidence from industrial towns in China [J]. American Economic Journal: Applied Economics, 2019, 11 (1): 173-201.

[90] HE P, LIANG J, QIU Y L, et al. Increase in domestic electricity consumption from particulate air pollution [J]. Nature Energy, 2020, 5 (12): 985-995.

[91] HELLAND E, WHITFORD A B. Pollution incidence and political jurisdiction: Evidence from the TRI [J]. Journal of Environmental Economics and Management, 2003, 46 (3): 403-424.

[92] HERING L, PONCET S. Environmental policy and exports: Evidence from Chinese cities [J]. Journal of Environmental Economics and Management, 2014, 68 (2): 296-318.

[93] ROST J, HOLST T, SAHN E, et al. Variability of PM10 concentrations dependent on meteorological conditions [J]. International Journal of Environment and Pollution, 2009, 36 (1): 3-18.

[94] INOUE T, NUNOKAWA N, KURISU D, et al. Particulate air pollution, birth outcomes, and infant mortality: Evidence from Japan's automobile emission control law of 1992 [J]. SSM-Population Health, 2020, 11: 100590.

[95] ITO K, ZHANG S. Willingness to pay for clean air: Evidence from air purifier markets in China [J]. Journal of Political Economy, 2020, 128 (5): 1627-1672.

[96] JAYACHANDRAN S. Air quality and early-life mortality evidence from Indonesia's wildfires [J]. Journal of Human Resources, 2009, 44 (4): 916-954.

[97] JEWELL J, MCCOLLUM D, EMMERLING J, et al. Limited emission reductions from fuel subsidy removal except in energy-exporting regions [J].

Nature, 2018, 554 (7691): 229-233.

[98] JONES A M , HARRISON R M , BAKER J . The wind speed dependence of the concentrations of airborne particulate matter and NOx[J]. Atmospheric environment, 2010, 44 (13): 1682-1690.

[99] KAHN M E, LI P, ZHAO D. Water pollution progress at borders: The role of changes in China's political promotion incentives [J]. American Economic Journal: Economic Policy, 2015, 7 (4): 223-242.

[100] KARIMI B, SHOKRINEZHAD B. Air pollution and mortality among infant and children under five years: A systematic review and meta-analysis [J]. Atmospheric Pollution Research, 2020, 11 (6): 61-70.

[101] KHATTAK A J, DE PALMA A. The impact of adverse weather conditions on the propensity to change travel decisions: A survey of Brussels commuters [J]. Transportation Research Part A: Policy and Practice, 1997, 31 (3): 181-203.

[102] KILPELÄINEN M, SUMMALA H. Effects of weather and weather forecasts on driver behaviour [J]. Transportation Research Part F: Traffic Psychology and Behaviour, 2007, 10 (4): 288-299.

[103] KLEIBERGEN F, PAAP R. Generalized reduced rank tests using the singular value decomposition [J]. Journal of Econometrics, 2006, 133 (1): 97-126.

[104] KNITTEL C R, MILLER D L, SANDERS N J. Caution, drivers! Children present: Traffic, pollution, and infant health [J]. Review of Economics and Statistics, 2016, 98 (2): 350-366.

[105] KONG D, LIANG J, LIU C. Invisible enemy: The health impact of ozone [J]. China Economic Review, 2022, 72: 101760.

[106] KONISKY D M, WOODS N D. Exporting air pollution? Regulatory enforcement and environmental free riding in the United States [J]. Political Research Quarterly, 2010, 63 (4): 771-782.

[107] LAI W, SONG H, WANG C, et al.Air pollution and brain drain: Evidence from college graduates in China [J]. China Economic Review, 2021, 68: 101624.

[108] LAL S, NAJA M, SUBBARAYA B H. Seasonal variations in surface ozone and its precursors over an urban site in India [J]. Atmospheric Environment, 2000, 34 (17): 2713-2724.

[109] LAVAINE E, NEIDELL M. Energy production and health externalities: Evidence from oil refinery strikes in France [J]. Journal of the Association of Environmental and Resource Economists, 2017, 4 (2): 447-477.

[110] LEE S, YOO H, NAM M. Impact of the clean air act on air pollution and infant health: Evidence from South Korea [J]. Economics letters, 2018, 168: 98-101.

[111] LEE Y F. Tackling cross-border environmental problems in Hong Kong: Initial responses and institutional constraints [J]. China Quarterly, 2002: 986-1009.

[112] LEVINSON A. Valuing public goods using happiness data: The case of air quality [J]. Journal of Public Economics, 2012, 96 (9-10): 869-880.

[113] LI K, JACOB D J, LIAO H, et al. Anthropogenic drivers of 2013—2017 trends in summer surface ozone in China [J]. Proceedings of the National Academy of Sciences, 2019, 116 (2): 422-427.

[114] LI K, JACOB D J, LIAO H, et al.Ozone pollution in the North China Plain spreading into the late-winter haze season [J]. Proceedings of the National Academy of Sciences, 2021, 118 (10): e2015797118.

[115] LI X, WAGNER F, PENG W, et al. Reduction of solar photovoltaic resources due to air pollution in China [J]. Proceedings of the National Academy of Sciences, 2017, 114 (45): 11867-11872.

[116] LIANG W L, KYTE M, KITCHENER F, et al. Effect of environmental factors on driver speed: A case study [J]. Transportation Research Record,

1998, 1635 (1): 155-161.

[117] LIN J, PAN D, DAVIS S J, et al. China' s international trade and air pollution in the United States [J]. Proceedings of the National Academy of Sciences, 2014, 111 (5): 1736-1741.

[118] LINDEN A. Conducting interrupted time-series analysis for single-and multiple-group comparisons [J]. The Stata Journal, 2015, 15 (2): 480-500.

[119] LIPSCOMB M, MOBARAK A M. Decentralization and pollution spillovers: Evidence from the re-drawing of county borders in Brazil [J]. The Review of Economic Studies, 2016, 84 (1): 464-502.

[120] LIU T, HE G, LAU A. Avoidance behavior against air pollution: Evidence from online search indices for anti-PM2.5 masks and air filters in Chinese cities [J]. Environmental Economics and Policy Studies, 2018, 20 (2): 325-363.

[121] LLERAS-MUNEY A. The needs of the Army: Using compulsory relocation in the military to estimate the effect of air pollutants on children's health [J]. Journal of Human Resources, 2010, 45 (3): 549-590.

[122] BERNAL J L, CUMMINS S, GASPARRINI A. The use of controls in interrupted time series studies of public health interventions [J]. International Journal of Epidemiology, 2018, 47 (6): 2082-2093.

[123] LUECHINGER S. Air pollution and infant mortality: A natural experiment from power plant desulfurization [J]. Journal of Health Economics, 2014, 37: 219-231.

[124] MACKERRON G, MOURATO S. Life satisfaction and air quality in London [J]. Ecological Economics, 2009, 68 (5): 1441-1453.

[125] MAZE T H, AGARWAL M, BURCHETT G. Whether weather matters to traffic demand, traffic safety, and traffic operations and flow [J]. Transportation Research Record, 2006, 1948 (1): 170-176.

[126] MENG W, ZHONG Q, CHEN Y, et al.Energy and air pollution benefits of household fuel policies in northern China [J]. Proceedings of the National Academy of Sciences, 2019, 116 (34): 16773-16780.

[127] MILLER S, VELA M. Are environmentally related taxes effective? [J]. SSRN Working Paper, 2013.

[128] MOSQUERA P A, HERNÁNDEZ J, VEGA R, et al. Primary health care contribution to improve health outcomes in Bogota-Colombia: A longitudinal ecological analysis [J]. BMC Family Practice, 2012, 13: 1-8.

[129] NAZAROFF W W, WESCHLER C J. Indoor ozone: Concentrations and influencing factors [J]. Indoor Air, 2022, 32 (1): e12942.

[130] NOONAN D S. Smoggy with a chance of altruism: The effects of ozone alerts on outdoor recreation and driving in Atlanta [J]. Policy Studies Journal, 2014, 42 (1): 122-145.

[131] OGAWA H, WILDASIN D E. Think locally, act locally: Spillovers, spillbacks, and efficient decentralized policymaking [J]. American Economic Review, 2009, 99 (4): 1206-1217.

[132] PONGOU R, KUATE DEFO B, TSALA DIMBUENE Z. Excess male infant mortality: The gene-institution interactions [J]. American Economic Review, 2017, 107 (5): 541-545.

[133] PONGOU R, SHAPIRO D, TENIKUE M. Mortality convergence of twins and singletons in sub-Saharan Africa [J]. Demographic Research, 2019, 41: 1047-1058.

[134] PONGOU R. Why is infant mortality higher in boys than in girls? A new hypothesis based on preconception environment and evidence from a large sample of twins [J]. Demography, 2013, 50 (2): 421-444.

[135] QIN Y, ZHU H. Run away? Air pollution and emigration interests in China [J]. Journal of Population Economics, 2018, 31 (1): 235-266.

[136] QU Z, WU D, Henze D K, et al.Transboundary transport of ozone pollution

to a US border region: A case study of Yuma [J]. Environmental Pollution, 2021, 273: 116421.

[137] ROBERTS M J, SPENCE M. Effluent charges and licenses under uncertainty [J]. Journal of Public Economics, 1976, 5 (3-4): 193-208.

[138] SABERIAN S, HEYES A, Rivers N. Alerts work! Air quality warnings and cycling [J]. Resource and Energy Economics, 2017, 49: 165-185.

[139] SAGER L. Estimating the effect of air pollution on road safety using atmospheric temperature inversions [J]. Grantham Research Institute on Climate Change and the Environment working paper, 2016, 251 (2): 30.

[140] SANKAR A, COGGINS J S, GOODKIND A L. Effectiveness of air pollution standards in reducing mortality in India [J]. Resource and Energy Economics, 2020, 62: 101188.

[141] SCHLENKER W, WALKER W R. Airports, air pollution, and contemporaneous health [J]. The Review of Economic Studies, 2016, 83 (2): 768-809.

[142] SIGMAN H. International spillovers and water quality in rivers: Do countries free ride? [J]. American Economic Review, 2002, 92 (4): 1152-1159.

[143] SIGMAN H. Transboundary spillovers and decentralization of environmental policies [J]. Journal of Environmental Economics and Management, 2005, 50 (1): 82-101.

[144] SILVA R A, WEST J J, LAMARQUE J F, et al.Future global mortality from changes in air pollution attributable to climate change [J]. Nature Climate Change, 2017, 7 (9): 647-651.

[145] SONG P, THEODORATOU E, LI X, et al. Causes of death in children younger than five years in China in 2015: An updated analysis [J]. Journal of Global Health, 2016, 6 (2).

[146] STREETS D G, FU J S, JANG C J, et al.Air quality during the 2008 Beijing Olympic games [J]. Atmospheric Environment, 2007, 41 (3): 480-492.

[147] SUWANWAIPHATTHANA W, RUANGDEJ K, TURNER-HENSON A. Outdoor air pollution and children's health [J]. Pediatric Nursing, 2010, 36 (1): 25-32.

[148] SWEERTS B, PFENNINGER S, YANG S, et al.Estimation of losses in solar energy production from air pollution in China since 1960 using surface radiation data [J]. Nature Energy, 2019, 4 (8): 657-663.

[149] TANAKA S. Environmental regulations on air pollution in China and their impact on infant mortality [J]. Journal of Health Economics, 2015, 42: 90-103.

[150] TIAN H Z, HAO J M, HU M Y, et al.Recent trends of energy consumption and air pollution in China [J]. Journal of Energy Engineering, 2007, 133 (1): 4-12.

[151] TONG Z, CHEN Y, MALKAWI A, et al.Energy saving potential of natural ventilation in China: The impact of ambient air pollution [J]. Applied Energy, 2016, 179: 660-668.

[152] TRIBBY C P, MILLER H J, SONG Y, et al.Do air quality alerts reduce traffic? An analysis of traffic data from the Salt Lake City metropolitan area, Utah, USA [J]. Transport Policy, 2013, 30: 173-185.

[153] TURNER M C, JERRETT M, POPE Ⅲ C A, et al.Long-term ozone exposure and mortality in a large prospective study [J]. American Journal of Respiratory and Critical Care Medicine, 2016, 193 (10): 1134-1142.

[154] VAN DONKELAAR A, MARTIN R V, BRAUER M, et al.Global estimates of fine particulate matter using a combined geophysical-statistical method with information from satellites, models, and monitors [J]. Environmental Science & Technology, 2016, 50 (7): 3762-3772.

[155] VIARD V B, FU S. The effect of Beijing's driving restrictions on pollution and economic activity [J]. Journal of Public Economics, 2015, 125: 98-115.

[156] VICEDO-CABRERA A M, SERA F, LIU C, et al.Short term association between ozone and mortality: global two stage time series study in 406 locations in 20 countries [J]. BMJ, 2020, 368, m108..

[157] WANG C, LIN Q, QIU Y. Productivity loss amid invisible pollution [J]. Journal of Environmental Economics and Management, 2022, 112: 102638.

[158] WANG L, SHI T, CHEN H. Air pollution and infant mortality: Evidence from China [J]. Economics & Human Biology, 2023, 49: 101229.

[159] WARD A L S, BEATTY T K M. Who responds to air quality alerts? [J]. Environmental and Resource Economics, 2016, 65 (2): 487-511.

[160] WESCHLER C J, SHIELDS H C, NAIK D V. Indoor ozone exposures [J]. Japca, 1989, 39 (12): 1562-1568.

[161] WILKENING K E, BARRIE L A, ENGLE M. Trans-Pacific air pollution [J]. Science, 2000, 290 (5489): 65-67.

[162] WOLF A T. Shared waters: Conflict and cooperation [J]. Annual Review Of Environment And Resources, 2007, 32: 241-269.

[163] WORLD HEALTH ORGANIZATION. Ambient air pollution: A global assessment of exposure and burden of disease [R] . Geneva: WHO, 2016.

[164] XIE Y, WU D, ZHU S. Can new energy vehicles subsidy curb the urban air pollution? Empirical evidence from pilot cities in China [J]. Science of the Total Environment, 2020, 754: 142232.

[165] YAKOVLEV P A, INDEN M. Mind the weather: A panel data analysis of time-invariant factors and traffic fatalities [J]. Economics Bulletin, 2010, 30 (4): 2685-2696.

[166] YANG Q, CHEN Y, SHI Y, et al.Association between ozone and respiratory admissions among children and the elderly in Vancouver, Canada [J]. Inhalation Toxicology, 2003, 15 (13): 1297-1308.

[167] YI F, YE H, WU X, et al.Self-aggravation effect of air pollution: Evidence from residential electricity consumption in China [J]. Energy Economics,

2020, 86: 104684.

[168] YIN P, BRAUER M, COHEN A J, et al. The effect of air pollution on deaths, disease burden, and life expectancy across China and its provinces, 1990—2017: An analysis for the Global Burden of Disease Study 2017 [J]. The Lancet Planetary Health, 2020, 4 (9): e386-e398.

[169] YIN P, CHEN R, WANG L, et al. Ambient ozone pollution and daily mortality: A nationwide study in 272 Chinese cities [J]. Environmental Health Perspectives, 2017, 125 (11): 117006.

[170] ZENG P, LYU X P, GUO H, et al. Causes of ozone pollution in summer in Wuhan, Central China [J]. Environmental Pollution, 2018, 241: 852-861.

[171] ZHANG G, YAU K K W, CHEN G. Risk factors associated with traffic violations and accident severity in China [J]. Accident Analysis & Prevention, 2013, 59: 18-25.

[172] ZHANG J, MU Q. Air pollution and defensive expenditures: Evidence from particulate-filtering facemasks [J]. Journal of Environmental Economics and Management, 2018, 92: 517-536.

[173] ZHANG R, LI H, KHANNA N. Environmental justice and the COVID-19 pandemic: Evidence from New York State [J]. Journal of Environmental Economics and Management, 2021, 110: 102554.

[174] ZHANG X, CHEN X, ZHANG X. The impact of exposure to air pollution on cognitive performance [J]. Proceedings of the National Academy of Sciences, 2018, 115 (37): 9193-9197.

[175] ZHAO N, PINAULT L, TOYIB O, et al. Long-term ozone exposure and mortality from neurological diseases in Canada [J]. Environment International, 2021, 157: 106817.

[176] ZHENG S, CAO J, KAHN M E, et al. Real estate valuation and cross-boundary air pollution externalities: Evidence from Chinese cities [J]. The

Journal of Real Estate Finance and Economics, 2014, 48 (3): 398–414.

[177] ZHENG S, ZHANG X, SUN W, et al. Air pollution and elite college graduates' job location choice: Evidence from China [J]. The Annals of Regional Science, 2019, 63: 295–316.

[178] ZHU Y, LI Y P, HUANG G H, et al. Electric power systems planning in association with air pollution control and uncertainty analysis [J]. International Journal of Electrical Power & Energy Systems, 2014, 61: 563–575.

[179] ZIVIN J G, NEIDELL M. Days of haze: Environmental information disclosure and intertemporal avoidance behavior [J]. Journal of Environmental Economics and Management, 2009, 58 (2): 119–128.

索　引